William S. Burroughs

ELECTRONIC REVOLUTION

William S. Burroughs

ELECTRONIC REVOLUTION

EXPANDED MEDIA EDITIONS

Die Deutsche Bibliothek – CIP-Einheitsaufnahme

Burroughs, William S.:
Die elektronische Revolution / William S. Burroughs. [Übers. von
Carl Weissner]. - 11. Aufl. - Bonn : Pociao's Books, 2001
  (Expanded media editions)
  Einheitssacht.: The electronic revolution <dt.>
  Text dt. und engl.
  ISBN 3-88030-002-X

EXPANDED MEDIA EDITIONS
© 1970, 1971 and 1976 by William S. Burroughs

11th edition 2001
Expanded Media Editions
Postfach 190 136
D-53037 Bonn

Photo of the author by Brion Gysin
Layout by Bernd Hagemann
Printed by Koninklijke Wöhrmann B.V., Zutphen
Printed in the Netherlands

FEEDBACK FROM WATERGATE
TO THE GARDEN OF EDEN

In the beginning was the word and the word was God and has remained one of the mysteries ever since. The word was God and the word was flesh we are told. In the beginning of what exactly was this beginning word? In the beginning of *written* history. It is generally assumed that the spoken word came before the written word. I suggest that the spoken word as we know it came after the written word.

In the beginning was the word and the word was God and the word was flesh ... human flesh ... In the beginning of *writing*. Animals talk and convey information. But they do not write. They cannot make information available to future generations or to animals outside the range of their communication system. This is the crucial distinction between men and other animals. *Writing*. Korzybski, who developed the concept of General Semantics, the meaning of meaning, has pointed out this human distinction and described man as "the time binding animal". He can make information available to other men over any length of time through writing. Animals talk. They don't write. Now a wise old rat may know a lot about traps and poison but he cannot write a text book on DEATH TRAPS IN YOUR WAREHOUSE for the Reader's Digest with tactics for ganging up on dogs and ferrets and taking care of wise guys who stuff steel wool up our holes. It is doubtful if the spoken word would ever have evolved beyond the animal stage without the written word. The written word is inferential in *human* speech. It would not occur to our wise old rat to assemble the young rats and pass his knowledge along in an aural tradition *because the whole concept of time binding could not occur without the written word.* The written word is of course a symbol for something and in the case of a hieroglyphic language writing like Egyptian it may be a symbol for itself, that is, a picture of what it represents. This is not true of an alphabet language like English. The word leg has no pictorial resemblence to a leg. It refers to the *spoken* word leg. So we may forget that a written word *is an image* and that written words are images in sequence that is to say *moving pictures.* So any hieroglyphic sequence gives us an immediate working definition for spoken words. Spoken words are verbal units that refer to this pictorial sequence. And what then is the written word? My basis theory is that the written word was literally a virus that made the spoken word possible. The word has not been recognized as a virus because it has achieved a state of stable symbiosis with the host ... (This symbiotic relationship is now breaking down for reasons I will suggest later.)

I quote from MECHANISMS OF VIRUS INFECTION edited by Mr. Wilson Smith, a scientist who really thinks about his subject instead of merely correlating data. He thinks, that is, about the ultimate intentions of the virus organism. In an article entitled "Virus Adaptability and Host Resistance" by G. Belyavin, speculations as to the biologic goal of the virus species are enlarged ... "Viruses are obligatory cellular parasites and are thus wholly dependent upon the integrity of the cellular systems they parasitize for their survival in an active state. It is something of a paradox that many viruses ultimately destroy the cells in which they are living ..."

And I may add the environment necessary for any cellular structure they could parasitize to survive. Is the virus then simply a time bomb left on this planet to be activated by remote control? An extermination program in fact? In its path from full virulence to its ultimate goal of symbiosis will any human creature survive? Is the white race, which would seem to be more under virus control than the black, yellow and brown races, giving any indication of workable symbiosis?

"Taking the virus eye view, the ideal situation would appear to be one in which the virus replicates in cells without in any way disturbing their normal metabolism."

"This has been suggested as the ideal biological situation toward which all viruses are slowly evolving ..."

Would you offer violence to a well-intentioned virus on its slow road to symbiosis?

It is worth noting that if a virus were to attain a state of wholly benign equilibrium with its host cell it is unlikely that its presence would be readily detected *or that it would necessarily be recognized as a virus.* I suggest that the word is just such a virus. Doktor Kurt

Unruh von Steinplatz has put forward an interesting theory as to the origins and history of this word virus. He postulates that the word was a virus of what he calls *biologic mutation* effecting a biologic change in its host which was then genetically conveyed. One reason that apes can't talk is because the structure of their inner throats is simply not designed to formulate words. He postulates that alteration in inner throat structure were occasioned by a virus illness ... And not an occasion ... This illness may well have had a high rate of mortality but some female apes must have survived to give birth to the wunderkinder. The illness perhaps assumed a more malignant form in the male because of his more developed and rigid muscular structure causing death through strangulation and vertebral fracture. Since the virus in both male and female precipitates sexual frenzy through irritation of sex centers in the brain the males impregnated the females in their death spasms and the altered throat structure was genetically conveyed. Having effected alterations in the host's structure that resulted in a new species specially designed to accomodate the virus, the virus can replicate without disturbing metabolism and without being recognized as a virus. A symbiotic relationship has been established and the virus is now built into the host which sees the virus as a useful part of itself. This successful virus can now sneer at gangster viruses like small pox and turn them in to The Pasteur Institute. Ach jungen, what a scene is here ... the apes are moulting fur steaming off the females whimpering and slobbering over the dying males like cows with the aftosa and so a stink musky sweet rotten metal stink of the forbidden fruit in the Garden of Eden ...

The creation of Adam, the Garden of Eden, Adam's fainting spell during which God made Eva from his body, the forbidden fruit which was of course knowledge of the whole stinking thing and might be termed the first Watergate scandal, all slots neatly into Doc Steinplatz's theory. And this was a white myth. This leads us to the supposition that the word virus assumed a specifically malignant and lethal form in the white race. What then accounts for this special malignance of the white word virus? Most likely a virus mutation occasioned by radioactivity. All animal and insect experiments so far carried out indicate that mutations resulting from radiation are unfavorable, that is not conductive to survival. These experiments relate to the effects of radiation on autonomous creatures. What about the effects of radiation on viruses? Are there not perhaps some so classified and secret experiments hiding behind national security? Virus mutations occasioned by radiation may be quite favorable for the virus. And such a virus might well violate the ancient covenant of symbiosis, the benign equilibrium with the host cell. So now with the tape recorders of Watergate and the fallout from atomic testing the virus stirs uneasily in all your white throats. It was a killer virus once. It could become a killer virus again and rage through cities of the world like a topping forest fire.

"It is the beginning of the end." That was the reaction of a science attaché at one of Washington's major embassies to reports that a synthetic gene particle had been produced in the laboratory ... "Any small country can now make the virus for which there is no cure. It would take only a small laboratory. Any small country with good biochemists could do it."

And presumably any big country could do it quicker and better.

9

In the ELECTRONIC REVOLUTION I advance the theory that a virus is a very small unit of word and image. I have suggested now such units can be biologically activated to act as communicable virus strains. Let us start with three tape recorders in The Garden of Eden. Tape recorder 1 is Adam. Tape recorder 2 is Eve. Tape recorder 3 is God, who deteriorated after Hiroshima into the Ugly American. Or to return to our primeval scene: Tape recorder 1 is the male ape in a helpless sexual frenzy as the virus strangles him. Tape recorder 2 is the cooing female ape who straddles him. Tape recorder 3 is DEATH.

Steinplatz postulates that the virus of biologic mutation, which he calls Virus B-23, is contained in the word. Unloosing this virus from the word could be more deadly than unloosing the power of the atom. Because all hate all pain all fear all lust is contained in the word. Perhaps we have here in these three tape recorders the virus of biologic mutation which once gave us the word and has hidden behind the word ever since. And perhaps three tape recorders and some good biochemists can unloose this force. Now look at these three tape recorders and think in terms of the virus particle. Recorder 1 is the perspective host for an influenza virus. Tape recorder number 2 is the means by which the virus gains access to the host, in the case of a flu virus by dissolving a hole in cells of the host's respiratory tract. Number 2, having gained access to the cell, leads in number 3. Number 3 is the effect produced in the host by the virus: coughing, fever, inflammation. *Number 3 is objective reality produced by the virus in the host.* Viruses make themselves real. It's a way viruses have. We now have three tape recorders. So we will make a simple word virus. Let us suppose that our target is a rival politician. On tape recorder 1 we will record speeches and conversation carefully editing in stammers, mispronouncing, inept phrases ... the worst number 1 can assemble. Now on tape recorder 2 we will make so a love tape by bugging his bedroom. We can potentiate this tape by splicing it in with a sexual object that is inadmissible or inaccessible or both, say the senator's teen age daughter. On tape recorder 3 we will record hateful disapproving voices and splice the three recordings in together at very short intervals and play them back to the senator and his constituents. This cutting and playback can be very complex involving speech scramblers and batteries of tape recorders but *the basic principle is simply splicing sex tape and disapproval tapes in together.* Once the association lines are established they are activated every time the senator's speech centres are activated which is all the time heaven help that sorry bastard if anything happened to his big mouth. So his teenage daughter crawls all over him while Texas rangers and decent church-going women rise from tape recorder 3 screaming "WHAT ARE YOU DOING IN FRONT OF DECENT PEOPLE".

The teenage daughter is just a refinement. Basically all you need is sex recordings on number 2 and hostile recordings on number 3. With this simple formula any CIA sonofabitch can become God, that is tape recorder 3. Notice the emphasis on sexual material in burglaries and bugging in the Watergate cess pool ... Bugging Martin Luther King's bedroom ... Kiss kiss bang bang ... A deadly assassination technique. At the very least sure to unnerve and put opponents at a disadvantage. So the real scandal of Watergate that has not come out yet is not that bedrooms were bugged and the offices of psychiatrists ransacked but *the precise use that was and is made of this sexual material.* This formula works best on a closed circuit. If sexual recordings and films are widespread, tolerated and publically shown tape recorder 3 looses ist power. Which perhaps explains why the Nixon administration is out to close down set films and re-establish censorship on all films and books. To keep closed circuit on tape recorder 3.

And this brings us to the subject of SEX. In the words of the late John O'Hara I'm glad you came to me instead of one of those quacks on the top floor ... Psychiatrists, priests whatever they call themselves they want to turn it off and keep tape recorder 3 in business. Let's turn it on. All you swingers use video cameras and tape recorders to record and photograph your sessions. Now go over the session and pick out the sexiest pieces you know when it really *happens*. Reich built a machine with electrodes attached to the penis to measure this orgasm charge. Here is unpleasurable orgasm sagging ominously as tape recorder 3 cuts in. He just made it. And here is a pleasurable orgasm way up on the graph. So take all the best of your sessions and invite the neighbours in to see it. Its the neighbourly thing to do. Try cutting them in together alternating 24 frames per second. Try slow-downs and speed-ups.

Build and experiment with orgone accumulators. It's simply a box of any shape or size lined with iron. Yours intrepid reporter at age 37 achieved spontaneous orgasm no hands in an orgone accumulator built in an orange grove in Pharr/Texas. It was the small direct application accumulator that did the trick. That's what every red-blooded boy and girl should be doing in the basement work shop. The orgone accumulator could be greatly potentiated by using *magnetized iron* which sends a powerful magnetic field through the body. And small accumulators like ray guns.

There is Two-Gun MacGee going off in his pants. The gun falls from his hand. Quick as he was he was not quick enough.

For a small directional accumulator obtain six powerful magnets. Arrange your magnetized iron squares so that they form a box. In one end of the box drill a hole and insert an iron tube. Now cover the box and tube with any organic material ... rubber, leather, cloth. Now train the tube on your privates and the privates of your friends and neighbours. It's good for young and old man and beast and is known as SEX. It is also known to have a direct connection with what is known as LIFE. Let's get St. Paul off our backs and take off the Bible Belt. And tell tape recorder 3 to cover his own dirty thing. It stinks from the Garden of Eden to Watergate.

I have said that the real scandal of Watergate is the use made of recordings. And what is this use? Having made the recordings as described what then do they do with them?

ANSWER: *They play them back on location.*

They play these recordings back to the target himself if the target is an individual from passing cars and agents that walk by him in the street. They play these recordings back in his neighbourhood. Finally they play them back in subways, restaurants, airports and other public places. *Playback* is the essential ingredient.

I have made a number of experiments with street recordings and playback over a period of years and the startling fact emerges *that you do not need sex recordings or even doctored tapes to produce effects by playback. Any recordings played back on location in the manner I will now describe can produce effects.* No doubt sexual and doctored tapes would be more powerful. But some of the power in the word is released by simple playback as anyone can verify who will take the time to experiment ... I quote from some notes on these playback experiments.

Friday July 28, 1972 ... Plan 28 at a glance ... First some remarks on the tape recorder experiments started by Ian Sommerville in 1965. These involved not only street, pub, party, subway recordings but also *playback* on location. When I returned to London from the States in 1966 he had already accumulated a considerable body of data and developed a technology. He had discovered that playback on location can produce definite effects.

Playing back recordings of an accident can produce another accident. In 1966 I was staying at the Rushmore Hotel, 11 Trebovir Road, Earl's Court, and we carried out a number of these operations: street recordings, cut in of other material, playback in the streets ... (I recall I had cut in fire engines and while playing this tape back in the street fire engines passed.) These experiments were summarized in THE INVISIBLE GENERATION ... (I wonder if anybody but CIA agents read this article or thought of putting these techniques into actual operation.) Anybody who carries out similar experiments over a period of time will turn up more "coincidences" than the law of averages allows. The tech can be extended by taking still or moving pictures as the recordings are made and more pictures during playback. I have frequently observed that this simple operation – make recordings and take pictures of some location you wish to discommode or destroy, now play recordings back and take more pictures –, will result in accidents, fires, removals. Especially the latter. The target moves. We carried out this operation with the Scientology Center at 37 Fitzroy Street. Some months later they moved to 68 Tottenham Court Road, where a similar operation was recently carried out ...

Here is a sample operation carried out against The Moka Bar at 29 Frith Street London W1 beginning on August 3, 1972 ... Reverse Thursday ... Reason for operation was outrageous and unprovoked discourtesy and poisoned cheese cake ...

Now to close in on The Moka Bar. Record. Take pictures. Stand around outside. Let them see me. They are seething around in there. The horrible old proprietor, his frizzy-haired wife and slack-jawed son, the snarling counter man. I have them and they know it.

"You boys have a rep for making trouble. Well come on out and make some. Pull a camera breaking act and I'll call a Bobby. I gotta right to do what I like in the public street."

If it came to that I would explain to the policeman that I was taking street recordings and making a documentary of Soho. This was after all London's First Expresso Bar was it not? I was doing them a favor. They couldn't say what both of us knew without being ridiculous ...

"He's not making any documentary. He's trying to blow up the coffee machine, start a fire in the kitchen, start fights in here, get us a citation from the Board of Health."

Yes I had them and they knew it. I looked in at the old Prop and smiled as if he would like what I was doing. Playback would come later with more pictures. I took my time and strolled over to the Brewer Street Market where I recorded a three card Monte Game. Now you see it now you don't.

Playback was carried out a number of times with more pictures. Their business fell off. They kept shorter and shorter hours. October 30, 1972 The Moka Bar closed. The location was taken over by The Queens Snack Bar.

Now to apply the 3 tape recorder analogy to this simple operation. Tape recorder 1 is the Moka Bar itself in its pristine condition. Tape recorder 2 is *my recordings* of the Moka Bar vicinity. These recordings are *access*. Tape recorder 2 in the Garden of Eden was Eve made from Adam. So a recording made from the Moka Bar is a piece of the Moka Bar. The recording once made, this piece becomes autonomous and out of their control. Tape recorder 3 is *playback*. Adam experiences shame when his *disgraceful behavior is played back to him* by tape recorder 3 which is God. By playing back my recordings to the Moka Bar when I want and with any changes I wish to make in the recordings, I become God for this local. I effect them. They cannot effect me. And what part do photos take in this operation? Recall what I said earlier about the written and spoken word. *The written word is an image is a picture.* The spoken word could be defined as any verbal units that correspond to these pictures and could in fact be extended to *any sound units that correspond* to the pictures ... Recordings and pictures are tape recorder 2 which is access. Tape recorder 3 is playback and "reality". For example suppose your bathroom and bedroom are bugged and rigged with hidden infrared cameras. These pictures and recordings give access. You may not experience shame during defecation and intercourse but you may well experience shame when these recordings are played back to a disapproving audience.

Now let us consider the arena of politics and the applications of bugging in this area. Of course any number of recordings are immediately available since politicians make speeches on TV. However, these recordings do not give access. The man who is making a speech is not really there. Consequently more intimate or at least private recordings are needed which is why the Watergate conspirators had to resort to burglary. A presidential candidate is not a sitting duck like a Moka Bar. He can make any number of recordings of his opponents. So the game is complex and competitive with recordings made by both sides. This leads to more sophisticated techniques the details of which have yet to come out.

The basic operation of recording pictures, more pictures and playback can be carried out by anyone with a recorder and a camera. Any number can play. Millions of people carrying out this basic operation could nullify the control system which those who are behind Watergate and Nixon are attempting to impose. Like all control systems it depends on maintaining a monopoly position. If anybody can be tape recorder 3 then tape recorder 3 loses power. God must be *The* God.

ELECTRONIC REVOLUTION

In THE INVISIBLE GENERATION first published in IT and in the LOS ANGELES FREE PRESS in 1966 and reprinted in THE JOB, I consider the potential of thousands of people with recorders, portable and stationary, messages passed along like signal drums, a parody of the President's speech up and down the balconies, in and out open windows, through walls, over courtyards, taken up by barking dogs, muttering bums, music, traffic down windy streets, across parks and soccer fields. Illusion is a revolutionary weapon:

To spread rumors
Put ten operators with carefully prepared recordings out at rush hour and see how quick the words get around. People don't know where they heard it but they heard it.

To discredit opponents
Take a recorded Wallace speech, cut in stammering coughs sneezes hiccoughs snarls pain screams fear whimperings apoplectic sputterings slobbering drooling idiot noises sex and animal sound effects and play it back in the streets subway stations parks political rallies.

As a front line weapon to produce and escalate riots
There is nothing mystical about this operation. Riot sound effects can produce an actual riot in a riot situation. *Recorded police whistles will draw cops. Recorded gunshots, and their guns are out.*
"MY GOD THEY'RE KILLING US!"

A guardsman said later: "I heard and saw my buddy go down, his face covered in blood (turned out he'd been hit by a stone from a sling shot) and I thought, well this is it." BLOODY WEDNESDAY. A DAZED AMERICA COUNTED 23 DEAD 32 WOUNDED, 6 CRITICALLY.

Here is a run of the mill, pre-riot situation. Protestors have been urged to demonstrate peacefully, police and guardsmen to exercise restraint. Ten tape recorders strapped under their coats, playback, and record controlled from lapel buttons. They have pre-recorded riot sound effects from Chicago, Paris, Mexico City, Kent/Ohio. If they adjust sound levels of recordings to surrounding sound levels, they will not be detected. Police scuffle with the demonstrators. The operators converge, turn on Chicago record, play back, move on to the next scuffles, record playback, keep moving. Things are hotting up, a cop is down groaning. Shrill chorus of recorded pig squeals and parody groans.

Could you cool a riot by recording the calmest cop and the most reasonable demonstrator? Maybe! However, it's a lot easier to start trouble than to stop it. Just pointing out that cut-ups on the tape recorder can be used as a weapon. You'll observe that the operators are making a cut-up as they go. They are cutting in Chicago, Paris, Mexico City, Kent/Ohio with the present sound effects at random and that is a cut-up.

As a long-range weapon to scramble and nullify associational lines put down by mass media

The control of the mass media depends on laying down lines of association. When the lines are cut the associational connections are broken. President Johnson burst into a swank apartment, held three girls at gunpoint, 26 miles north of Saigon yesterday.

You can cut the mutter line of the mass media and put the altered mutter line out in the streets with a tape recorder. Consider the mutter line of the daily press. It goes up with the morning papers, millions of people read the same words. In different ways, of course. A motion praising Mr. Callaghan's action in banning the South African Cricket Tour has spoiled the Colonel's breakfast. All reacting one way or another to the paper world or unseen events which becomes an integral part of your reality. You will notice that this process is continually subject to random juxtaposition. Just what sign did you see in the Green Park station as you glanced up from the PEOPLE? Just who called as you were reading your letter in the TIMES? What were you reading when your wife broke a dish in the kitchen? An unreal paper world and yet completely real because it is actually happening. Mutter line of the EVENING NEWS, TV. Fix yourself on millions of people all watching Jesse James or the Virginian at the same time. International mutter line of the weekly news magazine always dated a week ahead. Have you noticed it's the kiss of death to be on the front cover of TIME. Madam Nhu was there when her husband was killed and her government fell. Verwoerd was on the front cover of TIME when a demon tapeworm gave the order for his death through a messenger of the same. Read the Bible, kept to himself, no bad habits, you know the type. Old reliable, read all about it.

So stir in news stories, TV plays, stock market quotations, adverts and put the altered mutter line out in the streets.

The underground press serves as the only effective counter to a growing power and more sophisticated technique used by establishment mass media to falsify, misrepresent, misquote, rule out of consideration as *a priori* ridiculous or simply ignore and blot out of existence: data, books, discoveries that they consider prejudicial to establishment interest.

I suggest that the underground press could perform this function much more effectively by the use of cut-up techniques. For example, prepare cut-ups of the ugliest reactionary statements you can find and surround them with the ugliest pictures. Now give it the drool, slobber, animal noise treatment and put it out on the mutter line with recorders. Run a scramble page in every issue of a transcribed tape recorded cut-up of news, radio and TV. Put the recordings out on the mutter line before the paper hits the stand. It gives you a funny feeling to see a headline that's been going round and round inside your head. The underground press could add a mutter line to their adverts and provide a unique advertising service. Cut the product in with pop tunes, cut the product in with advertising slogans and jingles of other products and syphon off the sales. Anybody that doubts that these techniques work has only to put them to the test. The techniques here described are in use by the CIA and agents of other countries ... Ten years ago they were making systematic street recordings in every district of Paris. I recall the Voice of America man in Tangier and a room full of tape recorders and you could hear some strange sounds through the wall. Kept to himself, hello in the hall. Nobody was ever allowed in that room, not even a Fatima. Of course, there are many technical elaborations like long-range directional mikes. When cutting the prayer call in with hog grunts it doesn't pay to be walking around the market place with a portable tape recorder.

An article in NEW SCIENTIST June 4, 1970, page 470, entitled 'Electronic Arts of Noncommunication' by Richard C. French gives the clue for more precise technical instructions.

In 1968, with the help of Ian Sommerville and Anthony Balch, I took a short passage of my recorded voice and cut it into intervals of one twenty-fourth of a second movie tape (movie tape is larger and easier to splice) – and rearranged the order of the 24th second intervals of recorded speech. The original words are quite unintelligible but new words emerge. The voice is still there and you can immediately recognise the speaker. Also the tone of the voice remains. If the tone is friendly, hostile, sexual, poetic, sarcastic, lifeless, despairing, this will be apparent in the altered sequence.

I did not realise at the time that I was using a technique that has been in existence since 1881 ... I quote from Mr. French's article ... "Designs for speech scramblers go back to 1881 and the desire to make telephone and radio communications unintelligible to third parties has been with us ever since" ... The message is scrambled in transmission and then unscrambled at the other end. There are many of these speech scrambling devices that work on different principles ... "Another device which saw service during the war was the time division scrambler. The signal was chopped up into elements .005 cm long. These elements are taken in groups or frames and rearranged in a new sequence. Imagine that the speech recorded is recorded on magnetic tape which is cut into pieces .02 long and the pieces rearranged into a new sequence. This can actually be done and gives a good idea what speech sounds like when scrambled in this way."

This I had done in 1968. And this is an extension of the cut-up method. The simplest cut-up cuts a page down the middle and across the middle into four sections. Section 1 is then placed with section 4 and section 3 with section 2 in a new sequence. Carried further we can break the page down into smaller and smaller units in altered sequences.

The original purpose of scrambling devices was to make the message unintelligible without scrambling the code. Another use for speech scramblers could be to impose thought control on a mass scale. Consider the human body and nervous system as unscrambling devices. A common virus like the cold sore could sensitize the subject to unscramble messages. Drugs like LSD and Dim-N could also act as unscrambling devices. Moreover, the mass media could sensitize millions of people to receive scrambled versions of the same set of data. Remember that when the human nervous system unscrambles a scrambled message this will seem to the subject like his very own ideas which just occurred to him, which indeed it did.

Take a card, any card. In most cases he will not suspect its extraneous origin. That is the run of the mill newspaper reader who receives the scrambled message uncritically and assumes that it reflects his own opinions independently arrived at. On the other other hand, the subject may recognise or suspect the extraneous origins of voices that are literally hatching out in his head. Then we have a classic syndrome of paranoid psychosis. Subject hears voices. Anyone can be made to hear voices with scrambling techniques. It is not difficult to expose him to the actual scrambled message, any part of which can be made intelligible. This can be done with street recorders, recorders in cars, doctored radio and TV sets. In his own flat if possible, if not in some bar or restaurant he frequents. If he doesn't talk to himself, he soon will do. You bug his flat. Now he is really round the bend hearing his own voice out of radio and TV broadcasts and the conversation of passing strangers. See how easy it is? Remember the scrambled message is partially unintelligible and in any case he gets the tone. Hostile white voices unscrambled by a Negro will also activate by association every occasion on which he has been threatened or humiliated by whites. To carry it further you can use recordings of voices known to him. You can turn him against his friends by hostile scrambled messages in a friend's voice. This will activate all his disagreements with that friend. You can condition him to like his enemies by friendly scrambled messages in enemy voices.

On the other hand the voices can be friendly and reassuring. He is now working for the CIA, the GPU, or whatever, and these are his orders. They now have an agent who has no information to give away and who doesn't have to be paid. And he is now completely under control. If he doesn't obey orders they can give him the hostile voice treatment. No, "They" are not God or super technicians from outer space. Just technicians operating with well-known equipment and using techniques that can be duplicated by anyone else who can buy and operate this equipment.

To see how scrambling technique could work on a mass scale, imagine that a news magazine like TIME got out a whole issue a week before publication and filled it with news based on predictions following a certain line, without attempting the impossible, giving our boys a boost in every story and the Commies as many defeats and casualties as possible, a whole new issue of TIME formed from slanted prediction of future news. Now imagine this scrambled out through the mass media.

With minimal equipment you can do the same thing on a smaller scale. You need a scrambling device, TV, radio, two video cameras, a ham radio station and a simple photo studio with a few props and actors. For a start you scramble the news all together and spit it out every which way on ham radio and street recorders. You construct fake news broadcasts on video camera. For the pictures you can use mostly old footage. Mexico City will do for a riot in Saigon. Chile you can use the Londonderry pictures. Nobody knows the difference. Fires, earthquakes, plane crashes can be moved around. For example, here is a plane crash in Toronto, 108 dead. So move the picture of the Barcelona plane crash over to Toronto and Toronto to Barcelona. And you scramble your fabricated news in with actual news broadcasts.

You have an advantage which your opposing player does not have. He must conceal his manipulations. You are under no such necessity. In fact you can advertise the fact that you are writing the news in advance and trying to make it happen by techniques which anybody can use. And that makes you NEWS. And TV personality as well, if you play it right. You want the widest possible circulation for your cut-up video tapes. Cut-up techniques could swamp the mass media with total illusion.

Fictional dailies retroactively cancelled the San Francisco earthquake and Halifax explosion as journalistic hoaxes, and doubt released from the skin law extendable and ravenous, consumed all the facts of history.

Mr. French concludes his article ... "The use of modern microelectric integrated circits could lower the cost of speech scramblers enough to see them in use by private citizens. Codes and ciphers have always had a strong appeal to most people and I think scramblers will as well ... "

It is generally assumed that speech must be consciously understood to cause an effect. Early experiments with subliminal images have shown that this is not true. A number of research projects could be based on speech scramblers. We have all seen the experiment where someone hears his own recorded voice back a few seconds later. Soon he cannot go on talking. Would scrambled speech have the same effect? To what extent does a language act as unscrambling in either-or conflict terms? To what extent does the tone of voice used by a speaker impose a certain unscrambling sequence on the listener?

Many of the cut-up tapes would be entertaining and in fact entertainment is the most promising field for cut-up techniques. Imagine a pop festival like Phun City scheduled for July 24th, 25th, 26th, 1970 at Ecclesden Common, Patching, near Worthing, Sussex. Festival area comprised of car park and camping area, a rock auditorium, a village with booths and cinema, a large wooded area. A number of tape recorders planted in the woods and the village. As many as possible so as to lay down a grid of sound over the whole festival. Recorders have tapes of pre-recorded material, music, news, broadcasts, recordings from other festivals, etc. At all times some of the recorders are playing back and some are recording. The recorders recording the crowd and the other tape recorders that are playing back at varying distances. This cuts in the crowd who will be hearing their own voices back. Play back, wind back and record could be electronicly controlled with varying intervals. Or they could be hand operated, the operator deciding what intervals of play back, record, and wind to use. Effect is greatly increased by a large number of festival goers with portable recorders playing back and recording as they walk around the festival. We can carry it further with projection screens and video cameras. Some of the material is pre-prepared, sex films, films of other festivals, and this material is cut in with live TV broadcasts and shots of the crowd. Of course, the rock festival will be cut in on the screens, thousands of fans' portable recorders recording, and playing back, the singer could direct play back und record. Set up an area for travelling performers, jugglers, animal acts, snake charmers, singers, musicians, and cut these acts in. Film and tape from the festival, edited for best material, could then be used at other festivals.

Quite a lot of equipment and engineering to set it up. The festival could certainly be enhanced if as many festival goers as possible bring portable tape recorders and play back at the festival.

Any message, music, conversation you want to pass around, bring it pre-recorded on tape so everybody takes a piece of your tape home.

Research project: to find out to what extent scrambled messages are unscrambled, that is scanned out by experimental subjects. The simplest experiment consists in playing back a scrambled message to subject. Message could contain simple commands. Does the scrambled message have any command value comparable to post-hypnotic suggestion? Is the actual content of the message received? What drugs, if any, increase ability to unscramble messages? Do subjects vary widely in this ability? Are scrambled messages in the subject's own voice more effective than messages in other voices? Are messages scrambled in certain voices more easily unscrambled by specific subjects? Is the message more potent with both word and image scramble on video tape? Now to use, for example, a video tape message with a unified emotional content. Let us say the message is fear. For this we take all the past fear shots of the subject we can collect or evoke. We cut these in with fear words and pictures, and threats, etc. This is all acted out and would be upsetting in any case. Now let's try it scrambled and see if we can get an even stronger effect. The subject's blood pressure, rate of heart beat, and brain waves are recorded as we play back the scrambled tape.

His face is photographed and visible to him on video screen at all times. The actual scrambling of the tape can be done in two ways. It can be a completely random operation like pulling pieces out of a hat and if this is done several consecutive units may occur together yielding an identifiable picture of intelligible word. Both methods of course can be used at varying intervals. Blood pressure, heart beat, and brainwave recordings will show the operator what material is producing the strongest reaction, and he will of course zero in. And remember that the subject can see his face at all times and his face is being photographed. As the Peeping Tom said, the most frightening thing is fear in your own face. If the subject becomes too disturbed we have peace and safety tapes ready.

Now here is a sex tape: This consists of a sex scene acted out by the ideal sexual object of the subject and his ideal self image. Shown straight it might be exciting enough, now scramble it. It makes a few seconds for scrambled tapes to hatch out, and then? Can scrambled sex tapes zeroing in on the subject's reactions and brain waves result in spontaneous orgasm? Can this be extended to other functions of the body? A mike secreted in the water closet and all his shits and farts recorded and scrambled in with stern nanny voices commanding him to shit, and the young liberal shits his pants on the platform right under Old Glory. Could laugh tapes, sneeze tapes, hiccough tapes, cough tapes, give rise to laughing sneezing, hiccoughing, and coughing?

To what extent extent can physical illness be induced by scrambled tapes? Take for example, a sound and color picture of a subject with a cold. Later, when the subject is fully recovered, we take color and sound film of recovered subject. We now scramble the cold pictures and sound track in with present pictures on present pictures. We also project the cold pictures on present pictures. Now we try using some of Mr. Hubbard's reactive mind phrases which are supposed in themselves to produce illness. To be me, to be you, to stay here, to stay there, to be a body, to be bodies, to stay present, to stay past. Now we scramble this in together and show it to the subject. Could seeing and hearing this sound and image track, scrambled down to very small units, bring about an attack of cold virus? If such a cold tape does actually produce an attack of cold virus, perhaps we have merely activated a latent virus. Many viruses, as you know, are latent in the body and may be activated. We can try the same with coldsore, with hepatitis, always remembering that we may be activating a latent virus and in no sense creating a laboratory virus. However, we may be in a position to do this. Is a virus perhaps simply very small units of sound and image? Remember the only image a virus has is the image and sound track it can impose on you. The yellow eyes of jaundice, the postules of smallpox, etc. imposed on you against your will. The same is certainly true of scrambled word and image, ist existence is the word and image it can make you unscramble. Take a card, any card. This does not mean that it is actually a virus. Perhaps to construct a laboratory virus we would need both camera and sound crew and a biochemist as well. I quote from the INTER-NATIONAL PARIS TRIBUNE an article on the synthetic gene: "Dr. Har Johrd Khorana has made a gene-synthetic."

"It is the beginning of the end," this was the immediate reaction to this news from the science attaché at one of Washington's major embassies. "If you can make genes you can eventually make new viruses for which there are no cures. Any little country with good biochemists could make such biological weapons. It would take only a small laboratory. If it can be done, somebody will do it." For example, a death virus could be created that carries the coded message of death. A death tape, in fact. No doubt the technical details are complex and perhaps a team of sound and camera men working with biochemists would give us the answers.

And now the question as to whether scrambling techniques could be used to spread helpful and pleasant messages. Perhaps. On the other hand, the scrambled words and tape act like a virus in that they force something on the subject against his will. More to the point would be to discover how the old scanning patterns could be altered so that the subject liberates his own spontaneous scanning pattern.

NEW SCIENTIST, July 2, 1970 ... Current memory theory posits a seven second temporary "buffer store" preceding the main one: a blow on the head wipes out memory of this much prior time because it erases the contents of the buffer. Daedalus observes that the sense of the present also covers just this range and so suggests that our sensory input is recorded on an endless time loop, providing some seven seconds of delay for scanning before erasure. In this time the brain edits, makes sense of, and selects storage key features. The weird *déjà vu* sensation that "now" has happened before is clearly due to brief erasure failure, so that we encounter already stored memory data coming round again. Time dragging or racing must reflect tape speed. A simple experiment will demonstrate this erasure process in operation. Making street recordings and playing them back, you will hear things you do not remember, sometimes said in a loud clear voice, must have been quite close to you, nor do you necessarily remember them when you hear the recording back. The sound has been erased according to a scanning pattern which is automatic. This means that what you notice and store as memory as you walk down the street is scanned out of a much larger selection of data which is then erased from the memory. For the walker the signs he passed, people he has passed, are erased from his mind and cease to exist for him. Now to make this scanning process conscious and controllable, try this:

Walk down a city block with a camera and take what you notice, moving the camera around as closely as possible to follow the direction of your eyes. The point is to make the camera your eyes and take what your eyes are scanning out of the larger picture. At the same time take the street at a wide angle from a series of still positions. The street of the operator is, of course, the street as seen by the operator. It is different from the street seen at a wide angle. Much of it is in fact missing. Now you can make arbitrary scanning patterns – that is cover first one side of the street and then the other in accordance with a preconceived plan. So you are breaking down the automatic scanning patterns. You could also make colour scanning patterns, that is, scan out green, blue, red, etc. in so far as you can with your camera. That is, you are using an arbitrary preconceived scanning pattern, in order to break down automatic scanning patterns. A number of operators do this and then scramble their takes together and with wide angle tapes. This could train the subject to see at a wider angle and also to ignore and erase at will.

Now all this is readily subject to experimental verification on control subjects. Nor need the equipment be all on control subjects. Nor need the equipment be all that complicated. I have shown how it could work with feedback from brainwaves and visceral response and video tape photos of subject taken while he is seeing and hearing the tape, simply to show optimum effectiveness.

You can start with two tape recorders. The simplest scrambling device is scissors and splicing equipment. You can start scrambling words, make any kind of tapes and scramble them and observe the effects on friends and on yourself. Next step is sound film and then video camera. Of course results from individual experiments could lead to mass experiments, mass fear tapes, riot tapes, etc. The possibilities here for research and experiment are virtually unlimited and I have simply made a few very simple suggestions.

"A virus is characterized and limited by obligate cellular parasitism. All viruses must parasite living cells for their replication. For all viruses the infection cycle comprises entry into the host, intracellular replication, and escape from the body of the host to initiate a new cycle in a fresh host." I am quoting here from MECHANISMS OF VIRUS INFECTION edited by Dr. Wilson Smith. In its wild state the virus has not proved to be a very adaptable organism. Some viruses have burned themselves out since they were 100 per cent fatal and there were no reservoirs. Each strain of virus is rigidly programmed for certain attack on certain tissues. If the attack fails, the virus does not gain a new host. There are, of course, virus mutations, and the influenza virus has proved quite versatile in this way. Generally it's the simple repetition of the same method

34

of entry, and if that method is blocked by any body or other agency such as interferon, the attack fails. By and large, our virus is a stupid organism. Now we can think for the virus, devise a number of alternate methods of entry. For example, the host is simultaneously attacked by an ally virus who tells him that everything is alright and by a pain and fear virus. So the virus is now using an old method of entry, namely, the tough cop and the con cop.

We have considered the possibility that a virus can be activated or even created by very small units of sound and image. So conceived, the virus can be made to order in the laboratory. Ah, but for the takes to be effective, you must have also the actual virus and what is the actual virus? New viruses turn up from time to time but from where do they turn up? Well, let's see how we could make a virus turn up. We plot now our virus's symptoms and make a scramble tape. The susceptible subjects, that is those who reproduce some of the desired symptoms, will then be scrambled into more tapes till we scramble our virus into existence. This birth of a virus occurs when our virus is able to reproduce itself in a host and pass itself on to another host. Perhaps, too, with the virus under laboratory control it can be tamed for useful purposes. Imagine, for example a sex virus. It so inflames the sex centres in the back brain that the host is driven mad from sexuality, all other considerations are blacked out. Parks full of naked, frenzied people, shitting, pissing, ejaculating, and screaming. So the virus could be malignant, blacking out all regulation and end in exhaustion, convulsions, and death.

Now let us attempt the same thing with tape. We organise a sex-tape festival. 100,000 people bring their scrambled sex tapes, and video tapes as well, to scramble in together. Projected on vast screens, muttering out over the crowd, sometimes it slows down, so that you see a few seconds, then scrambled again, then slow down, scramble. Soon it will scramble them all naked. The cops and the National Guard are stripping down. LET'S GET OURSELVES SOME CIVVIES. Now a thing like that could be messy, but those who survive it recover from the madness. Or, say, a small select group of really like-minded people get together with their sex tapes, you see the process is now being brought under control. And the fact that anybody can do it is in itself a limiting factor.

Here is Mr. Hart, who wants to infect everyone with his own image and turn them all into himself, so he scrambles himself and dumps himself out in search of worthy vessels. If nobody else knows about scrambling techniques he might scramble himself quite a stable of replicas. But anybody can do it. So go on, scramble your sex words, and find suitable mates.

If you want to, scramble yourself out there, every stale joke, fart, chew, sneeze, and stomach rumble. If your trick no work you better run. Everybody doing it, they all scramble in together and the populations of the earth just settle down a nice even brown colour. Scrambles is the democratic way, the way of full cellular representation. Scrambles is the American way.

I have suggested that virus can be created to order in the laboratory from very small units of sound and image. Such a preparation is not in itself biologically active but it could activate or even create virus in susceptible subjects. A carefully prepared jaundice tape could activate or even create the jaundice virus in liver cells, especially in cases where the jaundice liver is already damaged. The operator is in effect directing a virus revolution of the cells. Since DOR seems to attack those exposed to it at the weakest point, release of this force could coincide with virus attack. Reactive mind phrases could serve the same purpose of rendering subjects more susceptible to virus attack.

It will be seen that scrambled speech already has many of the characteristics of virus. When the speech takes and unscrambles, this occurs compulsively and against the will of the subject. A virus must remind you of its presence. Whether it is the mag of a cold sore or the torturing spasms of rabies the virus reminds you of its unwanted presence. "HERE ME IS."

So does scrambled word and image. The units are unscrambling compulsively, presenting certain words and images to the subject and this repetitive presentation is irritating certain bodily and neutral areas. The cells so irritated can produce over a period of time the biologic virus units. We now have a new virus that can be communicated and indeed the subject may be desperate to communicate this thing that is bursting inside him. He is heavy with the load. Could this load be good and beautiful? Is it possible to create a virus which will communicate calm and sweet reasonableness? A virus must parasitise a host in order to survive. It uses the cellular material of the host to make copies of itself. In most cases this is damaging to the host. The virus gains entrance by fraud and maintains itself by force. An unwanted guest who makes you sick to look at is never good or beautiful. It is moreover a guest who always repeats itself word for word, take for take.

Remember the life cycle of a virus ... penetration of a cell or activation within the cell, replication within the cell, escape from the cell to invade other cells, escape from host to infect a new host. This infection can take place in many ways and those who find themselves heavy with the load of a new virus generally use a shotgun technique to cover a wide range of infection routes ... cough, sneeze, spit and fart at every opportunity, save shit, piss, snot, scabs, sweat stained clothes and all bodily secretions for dehydration. The composite dust can be unobtrusively billowed out a roach bellows in subways, dropped from windows in bags, or sprayed out a crop duster ... Carry with you at all times an assortment of vectors ... lice, fleas, bed bugs, and little aviaries of mosquitoes and biting flies filled with your blood ... I see no beauty in that.

There is only one case of favourable virus influence benefiting an obscure species of Australian mice. On the other hand, if a virus produces no damaging symptoms we have no way of ascertaining its existence and this happens with latent virus infections. It has been suggested that yellow races resulted from a jaundice-like virus which produced a permanent mutation not necessarily damaging, which was passed along genetically. The same may be true of the word. The word itself may be a virus that has achieved a permanent status with the host. However, no known virus in existence at the present time acts in this manner, so the question of a benefit virus remains open. It seems advisable to concentrate on a general defence against all virus.

Ron Hubbard, founder of Scientology, says that certain words and word combinations can produces serious illnesses and mental disturbances. I can claim some skill in the scrivener's trade, but I cannot guarantee to write a passage that will make someone physically ill. If Mr. Hubbard's claim is justified, this is certainly a matter for further research, and we can easily find out experimentally whether his claim is justified or not. Mr. Hubbard bases the power he attributes to words on his theory of engrams. An engram is defined as word, sound, image recorded by the subject in a period of pain and unconsciousness. Some of his material may be reassuring: "I think he's going to be alright." Reassuring material is an ally engram. Ally engrams, according to Mr. Hubbard, are just as bad as hostile pain engrams. Any part of this recording played back to the subject later will reactivate operation pain, he may actually develop a headache and feel depressed, anxious, or tense. Well, Mr. Hubbard's engram theory is very easily subject to experimental verification. Take ten volunteer subjects, subject them to a pain stimulus accompanied by certain words and sounds and images. You can act out little skits.

"Quickly, nurse, before I lose my little nigger," bellows the southern surgeon, and now a beefy white hand falls on the fragile black shoulder. "Yes, he's going to be alright. He's going to pull through."

"If I had my way I'd let these animals die on the operating table."

"You do not have your way, you have your duty as a doctor, we must do everything in our power to save human lives."

And so forth.

It is the tough cop and the con cop. The ally engram is ineffective without the pain engram, just as the con cop's arm around your shoulder, his soft persuasive voice in your ear, are indeed sweet nothings without the tough cop's blackjack. Now to what extent can words recorded during medical unconsciousness be recalled during hypnosis or scientological processing? To what extent does the playback of this material affect the subject unpleasantly? Is the effect enhanced by scrambling the material, pain and ally, at very short intervals? It would seem that a scrambled engram's picture could almost dump an operating scene right in the subject´s lap. Mr. Hubbard has charted his version of what he calls the reactive mind. This is roughly similar to Freud's ID, a sort of built-in self defeating mechanism. As set forth by Mr. Hubbard this consists of a number of quite ordinary phrases. He claims that reading these phrases, or hearing them spoken, can cause illness, and gives this as his reason for not publishing this material. Is he perhaps saying that these are magic words? Spells, in fact? If so, they could be quite a weapon scrambled up with imaginative sound-and-image track. Here now is the magic that turns men into swine. To be an animal: a lone pig grunts, shits, squeals and slobbers down garbage. To be animals: A chorus of a thousand pigs. Cut that in with video tape police pictures and play it back to them and see if you get a reaction from this so reactive mind.

Now here is another. To be a body, well it's sure an attractive body, rope the marks in. And a nice body symphony to go with it, rythmic heart beats, contented stomach rumbles. To be bodies: recordings and pictures of hideous, aged, diseased bodies farting, pissing, shitting, groaning, dying. To do everything: man in a filthy apartment surrounded by unpaid bills, unanswered letters, jumps up and starts washing dishes and writing letters. To do nothing: he slumps in a chair, jumps up, slumps in chair, jumps up. Finally, slumps in a chair, drooling in idiot helplessness, while he looks at the disorder piled around him. The reactive mind commands can also be used to advantage with illness tapes. While projecting past cold sore on to the subject's face, and playing back to him a past illness tape, you can say: to be me, to be you, to stay here, to stay there, to be a body, to be bodies, to stay in, to stay out, to stay present, to stay absent. To what extent are these reactive mind phrases when scrambled effective in causing disagreeable symptoms in control volunteer subjects? As to Mr. Hubbard's claim for the reactive mind, only research can give us the answers.

The RM then is an artifact designed to limit and stultify on a mass scale. In order to have this effect it must be widely implanted. This can readily be done with modern electronic equipment and techniques described in this treatise. The RM consists of commands which seem harmless and in fact unavoidable ... To be a body ... but which can have the most horrific consequences.

Here are some sample RM screen effects ...

As the theatre darkens a bright light appears on the left side of the screen. The screen lights up ...

To be nobody ... On screen shadow of ladder and soldier incinerated by the Hiroshima blast ...

To be everybody ... Street crowds, riots, panics

To be me ... A beautiful girl and a handsome young man point to selves ...

To be you ... They point to audience

Hideous hags and old men, lepers, drooling idiots point to themselves and to the audience as they intone ...

To be me

To be you

Command no. 5 ... To be myself

Command no. 6 ... To be others

On screen a narcotics officer is addressing an audience of school boys, spread out in front of him are syringes, kif pipes, samples of heroin, hashish, LSD ...

Officer: "Five trips on a drug can be a pleasant and exciting experience ..."

On screen young trippers ... "I'm really myself for the first time" Etc. Happy trips ... To be myself ... no. 5 ...

Officer: "THE SIXTH WILL PROBABLY BLOW YOUR HEAD OFF" ...

Shot shows a man blowing his head off with a shotgun in his mouth ...

Officer: "Like a 15 year old boy I knew until recently, you could well end up dying in your own spew ... " To be others no. 6 ...

To be an animal ... A lone Wolf Scout ...

To be animals: He joins other wolf scouts playing, laughing, shouting ...

To be an animal ... Bestial and ugly human behaviour ... brawls, disgusting, eating and sex scenes ...

To be animals ... Cows, sheep and pigs driven to the slaughter house ...

To be a body

To be bodies

A beautiful body ... a copulating couple ... Cut back and forth and run on seven second loop for several minutes ... scramble at different speeds ... Audience must be made to realise that to be a body is to be bodies ...

... A body only exists to be other bodies

To be a body ... Death scenes and recordings ... a scramble of last words ...

To be bodies ... Vista of cemeteries ...

To do it now ... Couple embracing hotter and hotter ...

To do it now ... A condemned cell ... Condemned man is same actor as lover ... He is led away by the guards screaming and struggling. Cut back and forth between sex scene and man led to execution. Couple in sex scene have an orgasm as the condemned man is hanged, electrocuted, gassed, garroted, shot in the head with a pistol ...

To do it later ... The couple pull away ... One wants to go out and eat and go to a show or something ... They put on their hats ...

To do it later ... Warder arrives at condemned cell to tell the prisoner he has a stay of execution ...

To do it now ... Grim faces in the Pentagon. Strategic is on the way ... Well THIS IS IT ... This sequence cut in with sex scenes and a condemned man led to execution, culminates in execution, orgasm, nuclear explosion ... The condemned lover is a horribly burned survivor ...

To do it later ... 1920 walk out sequence to "The Sunny Side of the Street" ... A disappointed general turns from the phone to say the president has opened top level hot wire talks with Russia and China ... Condemned man gets another stay of execution ...

To be an animal ... One lemming busily eating lichen ...

To be animals ... Hordes of lemmings swarming all over each other in mounting hysteria ... A pile of drowned lemmings in front of somebody's nice little cottage on a Finnish lake where he is methodically going through sex positions with his girl friend. They wake up in a stink of dead lemmings ...

To be an animal ... Little boy put on a pot

To be animals ... The man has just been hanged. The doctor steps forward with a stethoscope ...

To stay down ... Body is carried out with the rope around neck ... Naked corpses on the autopsy table ... corpse buried in quick lime ...

To stay up ... Erect phallus

To stay down ... White man burns off a Negro's genitals with blow torch ... Theatre darkens into the blow torch on the left side of the screen ...

To stay present

To stay absent

To stay present ... A boy masturbates in front of sex pictures ... Cut to face of white man who is burning off black genitals with blow torch ...

To stay absent ... Sex phantasies of the boy ... The black slumps dead with genitals burned off and intestines popping out ...

To stay present ... Boy watches strip tease, intent, fascinated ... A man stands on trap about to be hanged. To stay present ... Sex phantasies of the boy ... "I pronounce this man dead" ...

To stay present ... Boy wistles at girl in street ... A man's body twists in the electric chair, his leg hairs crackling a blue fire ...

To stay absent ... Boy sees himself in bed with girl ... Man slumps dead in chair smoke curling from under the hood saliva dripping from his mouth ...

The theatre lights up. In the sky a plane over Hiroshima ... Little Boy slides out ...

To stay present ... The plane, the pilot, the American flag ...

To stay absent ... theatre darkens into atomic blast on screen ...

Here we see ordinary men and women going about their ordinary everyday jobs and diversions ... subways, streets, buses, trains, airports, stations, waiting rooms, homes, flats, restaurants. Offices, factories ... working , eating, playing, defecating, making love ...

A chorus of voices cuts in RM phrases

To stay up

To stay down

Elevators, airports, stairs, ladders

To stay in

To stay out

Street signs, door signs, people at head of lines admitted to restaurants and theatres ...

To be myself

To be others

47

Customs agents check passports, man identifies himself at bank to cash cheque ...

To stay present

To stay absent

People watching films, reading, looking at TV ...

A composite of this sound and image track is now run on seven second loop without change for several minutes ...

Now cut in the horror pictures

To stay up

To stay down

Elevators, airports, stairs, ladders, hangings, castrations

To stay in

To stay out

Door signs, operation scenes ... doctor tosses bloody tonsils, adenoids, appendix into receptacle ...

To stay present

To stay absent

People watching film ... ether mask, ether vertigo ... triangles, spheres, rectangles, pyramids, prisms, coils go away and come in regular sequence ... a coil coming in, two coils coming in, three coils coming in ... a coil going away, two coils going away, four going away ...

A coil straight ahead going away, two coils on the left and right going away. Three coils left right and centre going away, four coils right left centre going away ...

A coil coming, two coils coming in, three coils coming in, four coils coming in ... spirals of light ... round and round faster, baby eaten by rats, hangings, electrocutions, castrations ...

The RM can be cut in with the most ordinary scenes covering the planet in a smog of fear ...

The RM is a built-in electronic police force armed with hideous threats. You don't want to be a cute little wolf cub? All right, cattle to the slaughter house meat on a hook.

Here is a nostalgic reconstruction of the old fashioned Mayan methods. The wrong kind of workers with wrong thoughts are tortured to death in rooms under the pyramid ... A young worker has been given a powerful hallucigen and a sexual stimulant ... Naked he is stripped down and skinned alive ... The dark Gods of pain are surfacing from the immemorial filth of time ... The Ouab bird stands there, screams, watching through his wild blue eyes. Others are crabs from the waist up clicking their claws in ecstasy, they dance around and mimic the flayed man. The scribes are busy with sketches ... Now he is strapped into a segmented copper centipede and placed gently on a bed of hot coals ... Soon the priests will dig the soft meat from the shell with their golden claws ... Here is another youth staked out on an ant hill honey smeared on his eyes and genitals ... Others with heavy weights on their backs are slowly dragged through the wooden troughs in which shards of obsidian have been driven ... So the priests are the masters of pain and fear and death ... To do right ... to obey the priests ... To do wrong? The priest's very presence and a few banal words ...

The priests postulated and set up a hermetic universe of which they were the axiomatic controllers. In so doing they became Gods who controlled the known universe of the workers. They became Fear and Pain, Death and Time. By making opposition seemingly impossible they failed to make any provision for opposition. There is evidence that this control system broke down in some areas before the arrival of the White God. Stelae have been found defaced and overturned, mute evidence of a worker's revolution. How did this happen? The history of revolutionary movements shows that they are usually led by defectors from the ruling class. The Spanish rule in South America was overthrown by Spanish revolutionaries. The French were driven out of Algeria by Algerians educated in France. Perhaps one of the priest Gods defected and organised a worker's revolution ...

The priest-gods in the temple. They move very slowly, faces ravaged with age and disease. Parasitic worms infest their flesh. They are making calculations from the sacred books.

"400,000,000 years ago on this day a grievous thing happened ..."

Limestone skulls rain in through the porticos. The Young Maize God leads the workers as they storm the temple and drag the priests out. They build a huge brush fire, throw the priests in and then throw the sacred books in after them. Time buckles and bends. The old Gods, surfacing from the immemorial depths of time, burst in the sky ... Mr. Hart stands there looking at the broken stelae ... "How did this happen?"

His control system must be absolute and world wide. Because such a control system is even more vulnerable to attack from without than revolt within ... Here is Bishop Landa burning the sacred books. To give you an idea as to what is happening, imagine our civilisation invaded by louts from outer space ...

"Get some bulldozers in here. Clear out all this crap ..." The formulae of all natural sciences, books, paintings, the lot, swept into a vast pile and burned. And that's it. No one ever heard of it.

Three codices survived the vandalism of Bishop Landa and these are burned around the edges.

No way to know if we have here the sonnets, the Mona Lisa or the remnants of a Sears Roebuck catalogue after the old out-house burned down in a brush fire. A whole civilisation went up in smoke ...

When the Spaniards arrived, they found the Mayan aristocrats lolling in hammocks. Well, time to show them what is what. Five captured workers bound and stripped, are castrated on a tree stump. The bleeding sobbing, screaming bodies thrown into a pile ...

"And now get this through your gook nuts. We want to see a pile of gold big and we want to see it pronto. The White God has spoken."

Consider now the human voice as a weapon. To what extent can the unaided human voice duplicate effects that can be done with a tape recorder? Learning to speak with the mouth shut, thus displacing your speech, is fairly easy. You can also learn to speak backwards, which is fairly difficult. I have seen people who can repeat what you are saying after you and finish at the same time. This is a most disconcerting trick, particularly when practiced on a mass scale at a political rally. Is it possible to actually scramble speech? A far-reaching biologic weapon can be forged from a new language. In fact such a language already exists. It exists as Chinese, a total language closer to multilevel structure of experience, with a script derived from hieroglyphs, more closely related to the objects and areas described. The equanimity of the Chinese is undoubtedly derived from their language being structured for greater sanity. I notice the Chinese, wherever they are retain the written and spoken language, while other immigrant peoples will lose their language in two generations. The aim of this project is to build up a language in which certain falsifications inherit in all existing western languages will be made incapable of formulation.

The following falsifications to be deleted from the proposed language.

The IS of Identity. You are an animal. You are a body. Now whatever you may be you are not an "animal", you are not a "body", because these are verbal labels. The IS of identity always carries the assignment of permanent condition. To stay that way. All naming calling presupposes the IS of identity. This concept is unnecessary in a hieroglyphic language like ancient Egyptian and in fact frequently omitted. No need to say the sun IS in the sky, sun in sky suffices. The verb TO BE can easily be omitted from any languages and the followers of Count Korzybski have done this, eliminating the verb TO BE in English. However, it is difficult to tidy up the English language by arbitrary exclusion of concepts which remain in force so long as the unchanged language is spoken.

The definite article THE. THE contains the implication of one and only: THE God, THE universe, THE way, THE right, THE wrong. If there is another, then THAT universe, THAT way is no longer THE universe, THE way. The definite article THE will be deleted and the indefinite article A will take its place.

The whole concept of EITHER/OR. Right or wrong, physical or mental, true or false, the whole concept of OR will be deleted from the language and replaced by juxtaposition, by AND. This is done to some extent in any pictorial language where two concepts stand literally side by side. These falsifications inherent in the English and other western alphabetical languages give the reactive mind commands their overwhelming force in these languages. Consider the IS of identity. When I say to be me, to be you, to be myself, to

54

be others – whatever I may be called upon to be or to say that I am – I am not the verbal label "myself." The word BE in the English language contains, as a virus contains, its precoded message of damage, the categorial imperative of permanent condition. To be a body, to be an animal. If you see the relation of a pilot to his ship, you see crippling force of the reactive mind command to be a body. Telling the pilot to be the plane, then who will pilot the plane?

The IS of identity, assigning a rigid and permanent status, was greatly reinforced by the customs and passport control that came in after World War I. Whatever you may be, you are not the verbal labels in your passport any more than you are the word "self." So you must be prepared to prove at all times that you are what you are not. Much of the force of the reactive mind depends on the falsification inherent in the categorical definite article THE. THE now, THE past, THE time, THE space, THE energy, THE matter, THE universe. Definite article THE contains the implications of no other. THE universe locks you in THE, and denies the possibility of any other. If other universes are possible, then the universe is no longer THE it becomes A. The definite article THE is deleted and replaced by A. Many of the RM commands are in point of fact contradictory commands and a contradictory command gains its force from the Aristotelian concept of either/or. To do everything, to do nothing, to have everything, to have nothing, to do it all, to do not any, to stay up, to stay down, to stay in, to stay out, to stay present, to stay absent. These are in point of fact either/or propositions. To do nothing OR everything, to have it all OR not any, to stay present OR to stay absent. Either/or is more difficult to formulate in a written language where both alternatives are pictorially represented and can be deleted entirely from the spoken language. The whole reactive mind can be in fact reduced to three little words – to be "THE". That is to be what you are not, verbal formulations.

I have frequently spoken of word and image as viruses or as acting as viruses, and this is not an allegorical comparison. It will be seen that the falsifications of syllabic western languages are in point of fact actual virus mechanisms. The IS of identity is in point of fact the virus mechanism. If we can infer purpose from behaviour, then the purpose of a virus is TO SURVIVE. To survive at any expense to the host invaded. To be an animal, to be a body. To be an animal body that the virus can invade. To be animals, to be bodies. To be more animal bodies, so that the virus can move from one body to another. To stay present as an animal body, to stay absent as antibody or resistance to the body invasion.

The categorial THE is also a virus mechanism, locking you in THE virus universe. EITHER/OR is another virus formula. It is alway you OR the virus. EITHER/OR. This is in point of fact the conflict formula which is seen to be archetypical virus mechanism. The proposed language will delete these virus mechanisms and make them impossible of formulation in the language. This language will be a tonal language like Chinese, it will also have a hieroglyphic script as pictorial as possible without being too cumbersome or difficult to write. This language will give one option of silence. When not talking, the user of this language can take in the silent images of the written, pictorial and symbol languages.

I have described here a number of weapons and tactics in the war game. Weapons that change consciousness could call the war game in question. All games are hostile. Basically there is only one game from here to eternity. Mr. Hubbard says that Scientology is a game where everybody wins. There are no games where everybody wins. That's what games are all about, winning and losing ... The Versailles Treaty ... Hitler dances the Occupation Jig ... War criminals hang at Nuremberg ... It is a rule of this game that there can be no final victory since this would mean the end of the war game. Yet every player must believe in final victory and strive for it with all his power. Faced by the nightmare of final defeat he has no alternative. So all technologies with escalating efficiency produce more and more total weapons until we have the atom bomb which could end the game by destroying all players. Now mock up a miracle. The so stupid players decide to save the game. They sit down around a big table and draw up a plan for the immediate deactivation and eventual destruction of all atomic weapons. Why stop there? Conventional bombs are unnecessarily destructive if nobody has them, hein? Let's turn back the war clock back to 1917:

Keep the home fires burning
Though the hearts are yearning
There's a long, long trail awinding ...
Back to the American Civil War ...

"He has loosed the fatal lightning of this terrible swift sword."
His fatal lightning didn't cost as much in those days. Save a lot on
the defence budget this way on back to flintlocks, matchlocks,
swords, armour, lances, bows and arrows, spears, stone axes and
clubs. Why stop there? Why not grow teeth and claws, poison
fangs, stingers, spines, quills, beaks and suckers and stink glands
and fight in out in the muck, hein?

That is what this revolution is about. End of game. New games?
There are no new games from here to eternity.

END OF THE WAR GAME.

William S. Burroughs

DIE ELEKTRONISCHE REVOLUTION

William S. Burroughs

William S. Burroughs

DIE ELEKTRONISCHE REVOLUTION

Aus dem Amerikanischen
von Carl Weissner

EXPANDED MEDIA EDITIONS

Die Deutsche Bibliothek – CIP-Einheitsaufnahme

Burroughs, William S.:
Die elektronische Revolution / William S. Burroughs. [Übers. von
Carl Weissner]. - 11. Aufl. - Bonn : Pociao's Books, 2001
   (Expanded media editions)
   Einheitssacht.: The electronic revolution <dt.>
   Text dt. und engl.
   ISBN 3-88030-002-X

EXPANDED MEDIA EDITIONS
© 1970, 1971 und 1976 by William S. Burroughs
Alle deutschen Rechte bei EME
Übersetzt von Carl Weissner

11. Auflage 2001
EXPANDED MEDIA EDITIONS
POB 190 136
D 53037 Bonn

Autorenphoto von Brion Gysin
Gestaltung von Bernd Hagemann, Bonn
Gesamtherstellung: Koninklijke Wöhrmann B.V., Zutphen
Printed in the Netherlands

DER ERSTE WATERGATE-SKANDAL
PASSIERTE IM GARTEN EDEN

Am Anfang war das Wort, und das Wort war Gott und ist bis auf den heutigen Tag ein Rätsel geblieben. Das Wort war Gott, und das Wort war Fleisch, so wird uns gesagt. Am Anfang wovon eigentlich war dieses Wort, mit dem alles anfing? Am Anfang der Geschichts*schreibung*. Man nimmt allgemein an, daß das gesprochene Wort vor dem geschriebenen kam. Ich schlage vor, die Sache anders zu sehen: das gesprochene Wort, so wie wir es kennen, kam nach dem geschriebenen Wort.

Am Anfang war das Wort, und das Wort war Gott, und das Wort war Fleisch ... menschliches Fleisch ... Am Anfang der *Schrift*. Tiere reden und übermitteln Informationen. Aber sie schreiben nicht. Nachkommenden Generationen oder Tieren außerhalb der Reichweite ihres Kommunikationssystems können sie keine Informationen übermitteln. Das ist der entscheidende Unterschied zwischen dem Menschen und der restlichen Tierwelt. Das *Schreiben*. Korzybsky, der das Konzept der Allgemeinen Semantik (der Lehre von der Bedeutung der Bedeutung) entwickelt hat, nennt den Menschen wegen dieser Fähigkeit „das zeitüberbrückende Tier."

Mit Hilfe der Schrift kann der Mensch anderen Menschen über beliebig große Zeiträume hinweg Nachrichten übermitteln.

Tiere reden. Sie schreiben nicht. Eine schlaue alte Ratte mag noch so gut Bescheid wissen über Fallen und vergiftete Köder: Sie kann für den Reader's Digest kein Handbuch über TÖDLICHE FALLEN IN IHREM WARENLAGER schreiben und taktische Maßnahmen für den Kampf gegen Hunde und Frettchen erläutern, oder wie man mit Schlaumeiern fertig wird, die einem die Löcher mit Stahlwolle zustopfen.

Es ist fraglich, ob sich ohne das geschriebene Wort das gesprochene Wort jemals über das animalische Stadium hinaus entwickelt haben würde. Das geschriebene Wort ist der entscheidende Auslöser für die menschliche Sprache gewesen. Einer schlauen alten Ratte würde es nicht in den Sinn kommen, die jungen Ratten um sich zu versammeln, um ihr Wissen auf oralem Wege an die Nachkommen weiterzugeben, *weil sich eine solche Vorstellung von Zeitüberbrückung ohne das geschriebene Wort gar nicht einstellen kann.*

Das geschriebene Wort ist natürlich ein Symbol für etwas, und bei einer Hieroglyphenschrift wie dem Ägyptischen kann es ein Symbol sein für das, was es darstellt. Auf eine alphabetische Sprache wie das Deutsche trifft das nicht zu. Das Wort „Bein" hat keine bildliche Ähnlichkeit mit einem Bein. Es verweist auf das gesprochene Wort „Bein". Wir können uns also die Vorstellung abschminken, daß ein geschriebenes Wort ein *Bild* sein soll und daß geschriebene Wörter Sequenzen von Bildern sein sollen, d.h. *bewegte Bilder.*

Eine Abfolge von Hieroglyphen gibt uns demnach eine brauchbare Definition dessen, was gesprochene Wörter sind: gesprochene Wörter sind verbale Einheiten, die auf diese Abfolge von Bildern verweisen. Und was ist dann das geschriebene Wort? Meine Theorie ist, daß das geschriebene Wort ein Virus war, der als Auslöser für das gesprochene Wort fungiert hat. Als Virus ist es jedoch nicht erkannt worden, weil es mit dem Wirtsorganismus eine stabile Symbiose eingegangen ist ... (Diese symbiotische Einheit ist heute dabei, auseinanderzubrechen. Auf die Gründe dafür komme ich noch zu sprechen.)

Ich zitiere aus MECHANISMS OF VIRUS INFECTION, herausgegeben von Mr. Wilson Smith, einem Wissenschafter, der sich über seinen Forschungsgegenstand wirklich noch Gedanken macht, statt einfach Daten herunterzurasseln. D. h., er macht sich Gedanken darüber, was der Virus eigentlich will. Ein Artikel in dieser Sammlung, „Adaptability and Host Resistance" von G. Belyavin, enthält Überlegungen hinsichtlich des biologischen Ziels, das der Virus verfolgt:

„Viren sind auf eine parasitäre Existenz in einem Zellsystem angewiesen. Wenn sie als aktive Viren überleben wollen, muß das Zellsystem in einwandfreiem Zustand erhalten bleiben. Es ist deshalb eine recht paradoxe Erscheinung, daß viele Viren am Ende die Zellen, in denen sie leben, zerstören ..." – und damit, so ließe sich hinzufügen, das erforderliche Environment für jede Zellstruktur, in der sie überleben könnten.

Ist also der Virus einfach eine Zeitbombe, die jemand auf diesem Planeten liegen ließ, um sie aus sicherer Entfernung zu zün-

den? Ein Programm zur Ausrottung der Menschheit? Läßt der Virus auf seinem Weg von der ersten Entfaltung seines zerstörerischen Wirkens bis hin zur endgültigen Symbiose dem menschlichen Organismus irgendeine Überlebenschance? Zeigt die weiße Rasse, die stärker als die schwarze, gelbe, oder braune Rasse unter der Kontrolle des Virus zu stehen scheint, irgendwelche Anzeichen für eine praktikable Symbiose?

„Aus der Sicht des Virus wäre eine ideale Situation gegeben, wenn er sich in Zellen vermehren könnte, ohne deren normalen Stoffwechsel zu beeinträchtigen. Dies ist als der biologische Idealzustand bezeichnet worden, auf den sich alle Viren allmählich hin entwickeln."

Würden Sie einem Virus Widerstand leisten, der mit den besten Absichten daherkommt und nichts als eine friedliche Symbiose mit Ihnen eingehen möchte?

„In diesem Zusammenhang sollte man sich folgendes vergegenwärtigen: Wenn es einem Virus gelingt, mit seinem Wirtsorganismus eine vollkommen gutartige Symbiose einzugehen, ist kaum anzunehmen, daß seine Gegenwart entdeckt wird, *bzw. daß er überhaupt als Virus erkannt wird*." Ich gebe zu bedenken, daß das Wort genauso ein Virus ist. Dr. Kurt Unruh von Steinplatz hat eine interessante Theorie über den Ursprung und die Entwicklung dieses Wort-Virus. Er geht davon aus, daß das gesprochene Wort durch einen Virus zustande kam, der *biologische Mutationen* bewirkt hat, d.h. biologische Veränderungen im Wirtsorganismus, die dann genetisch weitervererbt wurden.

8

Ein Grund, weshalb Affen nicht sprechen können, ist, daß sie wegen der Beschaffenheit ihres Kehlkopfes keine Worte artikulieren können.

Er vertritt nun die Auffassung, daß eine Virusinfektion die Beschaffenheit des Kehlkopfs verändert hat. Diese Infektion dürfte die meisten Affen das Leben gekostet haben, aber ein paar weibliche Affen überlebten sie und gebaren uns Wunderkinder.

Daß die Infektion für die männlichen Affen tödliche Folgen hatte, lag vermutlich daran, daß diese stärker ausgebildete Halsmuskeln hatten, so daß ihnen der Virus die Kehle zuschnürte und das Genick brach.

Da der Virus sowohl bei männlichen wie weiblichen Lebewesen durch Reizung der Sexzentren im Gehirn einen Sexualrausch auslöst, befruchteten die männlichen Affen ihre weiblichen Partner, während sie bereits von Todeszuckungen geschüttelt wurden, und so wurde die veränderte Kehlkopfstruktur genetisch vererbt.

Nachdem der Virus derart die Zellstruktur des Wirtsorganismus verändert hat, daß dieser eine neue Spezies hervorbringt, die ganz speziell für die Bedürfnisse des Virus gebaut ist, kann er sich nun vermehren, ohne den Stoffwechsel des Wirts zu beeinträchtigen – und ohne daß er als Virus erkannt wird.

Damit ist ein symbiotisches Verhältnis entstanden, und der Virus ist nun so in den Wirt eingebaut, daß er von diesem als nützlicher Teil seiner selbst begriffen wird. Der erfolgreiche Virus kann es sich leisten, Gangsterviren wie etwa den Pocken die

Zunge rauszustrecken und sie an das Pasteur-Institut zu verpfeifen.

Doch zurück zu den Affen. Junge Junge, was für ein erhebender Anblick ... den Affen schmilzt das dampfende Fell von den Rippen, die Weibchen kleben wimmernd und sabbernd an den sterbenden Männchen wie Kühe im Endstadium der Maul- und Klauenseuche, und dieser Gestank! ... Dieser süßliche faulige verschissene metallische Gestank der verbotenen Frucht aus dem Garten Eden ...

Die Erschaffung Adams; der Garten Eden; Adams Ohnmachtsanfall, den Gott ausnutzte, um ihm die Eva aus den Rippen zu schneiden; die verbotene Frucht, die natürlich das Wissen um die ganze verstunkene Angelegenheit war, die man den ersten Watergate-Skandal nennen könnte – all das fügt sich nahtlos ein in die Theorie von Doc Steinplatz. Und dies war ein *weißer* Mythos.

Das legt die Vermutung nahe, daß der Wort-Virus bei der weißen Rasse eine besonders bösartige und tödliche Form annahm.

Was könnte wohl die Ursache für die Bösartigkeit des weißen Wort-Virus gewesen sein? Höchstwahrscheinlich eine durch Radioaktivität ausgelöste Mutation des Virus. Alle bisherigen Tierversuche beweisen, daß Mutationen, die durch Strahlung hervorgerufen werden, sich ungünstig auf die Überlebenschancen auswirken. Bei diesen Versuchen läßt sich jedoch nur die Wirkung von Strahlen auf autonome Lebewesen studieren. Was ist mit der Wirkung von Strahlen auf Viren? Gibt es vielleicht nicht eine ganze Reihe von Experimenten, die aus Gründen der „nationalen

Sicherheit" mit dem Schleier der Geheimhaltung zugedeckt werden?

Eine Mutation des Virus, ausgelöst durch radioaktive oder sonstige Strahlung, könnte für diesen ganz vorteilhaft sein. Und ein solcher Virus könnte durchaus gegen die alte Regel von der harmlosen Symbiose mit dem Wirtsorganismus verstoßen.

Nun haben wir also die Tonbänder von Watergate und den radioaktiven Niederschlag von all diesen Atomtests, und der Virus regt sich und wird unruhig in euren weißen Kehlen. Er war schon einmal ein Killervirus. Er könnte wieder ein Killervirus werden und wie ein Steppenbrand über die Erde rasen ...

„Das ist der Anfang vom Ende." So reagierte ein Wissenschaftsattaché an einer großen Botschaft in Washington auf die Nachricht, daß man im Labor ein künstliches Gen hergestellt hatte. „Jedes kleine Land kann jetzt einen Virus herstellen, gegen den es kein Mittel gibt. Man braucht dazu nichts weiter als ein Labor und ein paar tüchtige Biochemiker."

Und ein großes Land könnte es vermutlich noch schneller und besser zuwege bringen.

In meinem Aufsatz DIE ELEKTRONISCHE REVOLUTION stelle ich folgende Theorie zur Diskussion: Ein Virus ist eine mikroskopisch kleine Einheit von Wort und Bild. Ich führe in diesem Zusammenhang aus, wie solche Einheiten biologisch aktiviert werden können, so daß sie sich dann auch auf andere Organismen übertragen lassen.

Beginnen wir also mit 3 Tonbandgeräten im Garten Eden. T-1 ist Adam. T-2 ist Eva. T-3 ist Gott, der seit Hiroshima die miese Gestalt des Häßlichen Amerikaners angenommen hat. Oder auf unsere urgeschichtliche Szenerie übertragen: T-1 ist der männliche Affe in hilfloser sexueller Raserei, während ihm der Virus die Kehle zuschnürt. T-2 ist der winselnde weibliche Affe, der auf ihm reitet. T-3 ist DER TOD.

Steinplatz postuliert, daß der Virus der biologischen Mutation – er nennt ihn „Virus B-23" – sich im Wort eingenistet hat. Das Freisetzen dieses Virus könnte noch tödlichere Folgen haben als das Freisetzen der Atomkraft.

Vielleicht haben wir hier in diesen 3 Tonbandgeräten den Virus der biologischen Mutation, der uns einst das Wort gab und sich seither dahinter versteckt. Und vielleicht können 3 Tonbandgeräte und ein paar tüchtige Biochemiker diese Kräfte freisetzen ...

So, und nun betrachten wir einmal diese 3 Tonbandgeräte und halten uns dabei das Virus-Schema vor Augen: T-1 ist der potentielle Wirtsorganismus für einen Grippevirus. T-2 ist der Mechanismus, mit dessen Hilfe der Virus in den Wirtsorganismus eindringt: Bei einem Grippevirus sieht das so aus, daß er die Atemwege des Wirtsorganismus perforiert, indem er eine Anzahl von Zellen zerstört. T-3 ist die Wirkung, die der Virus im Wirtsorganismus hervorruft: Husten, Fieber, Entzündung. *T-3 ist objektive Realität, ausgelöst durch den Virus.* Viren schaffen sich einen Realitätsnachweis. Das haben sie so an sich.

Wir haben also 3 Tonbandgeräte. Und damit werden wir jetzt einen einfachen Wortvirus herstellen. Nehmen wir einmal an, wir haben es auf einen politischen Gegner abgesehen. Auf Tonbandgerät Eins nehmen wir seine Reden und seine Privatgespräche auf und schneiden zusätzlich noch Stottern, Versprecher und mißglückte Formulierungen rein – und zwar die schlimmsten, die wir auftreiben können. Auf T-2 nehmen wir ein Sex-Tape auf, indem wir sein Schlafzimmer abhören. Wir können das noch potenzieren, indem wir ihm Tonmaterial von einem Sexpartner unterjubeln, der für ihn normalerweise nicht zulässig wäre – z.B. seine minderjährige Tochter. Auf T-3 nehmen wir empörte und haßerfüllte Stimmen auf. Jetzt zerlegen wir diese drei Aufnahmen in kleinste Bestandteile und setzen diese dann in willkürlicher Reihenfolge wieder zusammen. Und das spielen wir jetzt unserem Politiker und seinen Wählern vor.

Schnitt und Playback können zu einer sehr komplexen Angelegenheit erweitert werden – mit automatischen „Zerhackern" und mit ganzen Batterien von Tonbandgeräten; aber das Grundprinzip ist ausgesprochen simpel: Sextapes und Aufnahmen von empörten Äußerungen zusammen montieren. Wenn dieses Zusammenspiel einmal etabliert ist, wird es immer dann aktiviert werden, wenn die Stimmbänder des Politikers in Aktion treten – und das heißt, so gut wie ständig – und Gnade diesem armseligen Bastard, wenn seinem großen Maul mal was zustoßen sollte ... Nun kriecht also seine minderjährige Tochter auf ihm rum, während gleichzeitig Texas Rangers und anständige gottesfürchtige Damen vom Tonbandgerät Nummer 3 ihre Stimmen erheben und geifern: „Was machen Sie da vor den Augen anständiger Leute!!"

Die minderjährige Tochter ist nur eine zusätzliche Verfeinerung. Im Prinzip genügen Sexaufnahmen auf T-2 und feindselige Stimmen auf T-3. Mit dieser einfachen Formel kann jeder Scheißtyp von der CIA ein T-3 werden, d.h. GOTT. Ich erinnere nur an die auffällige Häufigkeit von sexuellem Material bei den Einbrüchen und Abhörgeschichten des Watergate-Skandals ... an die Tatsache, daß FBI-Spitzel das Schlafzimmer von Martin Luther King abgehört haben ... Kiss Kiss Bäng Bäng ... eine sehr effektive Methode, um jemanden kalt zu machen.

Also der eigentliche Watergate-Skandal, der bisher noch nicht herausgekommen ist, besteht nicht darin, daß Schlafzimmer abgehört und Büros von Psychiatern gefilzt wurden, sondern in der Art und Weise, wie dieses sexuelle Material nun eigentlich genau eingesetzt wurde (und wird ...).

Die Formel funktioniert am besten in einem überschaubaren, d.h. kontrollierbaren Closed Circuit. Wenn Sextonbänder und -filme weit verbreitet sind, öffentlich gezeigt und toleriert werden, dann verliert Tonbandgerät Nummer 3 seine Macht. Das erklärt vielleicht, weshalb das Nixon-Regime so sehr darauf drängte, Pornofilme zu verbieten und sämtliche Bücher und Filme wieder einer Zensur zu unterwerfen. Um sich dadurch die Kontrolle über Tonbandgerät Nummer 3 zu erhalten.

Und das bringt uns zum Thema SEX. Mit den Worten des leider allzu früh verstorbenen John O'Hara: Ich bin froh, daß Sie zu mir gekommen sind anstatt zu einem von diesen Quacksalbern im oberen Stockwerk. Psychiater, Priester, oder wie immer sie sich nennen mögen – die wollen das Sexding abdrehen, damit ihr Ton-

bandgerät Nummer 3 weiter florieren kann. Ich sage, laßt uns das Ding voll aufdrehen. Also, ihr Swinger: nehmt eure Zusammenkünfte mit Videokameras und Tonbandgeräten auf. Und dann nehmt euch das Material vor und wählt die schärfsten Stellen aus – also da, wo's wirklich *passiert*, ja?

Wilhelm Reich baute einen Apparat – mit Elektroden, die am Penis befestigt wurden –, um die jeweilige Stärke eines Orgasmus zu messen. Hier ist ein unbefriedigender Orgasmus, der merklich durchhängt, nachdem sich Tonbandgerät Nummer 3 eingeschaltet hat. Er hat's gerade noch geschafft. Und hier ist ein befriedigender Orgasmus mit einem hohen Pegel. Also sucht euch aus euren Aufnahmen die besten Stellen heraus und ladet eure Nachbarn ein, damit sie auch was davon haben. Das fördert die gutnachbarlichen Beziehungen. Und versucht, die ausgewählten Stellen ineinander zu montieren, 24 Schnitte pro Sekunde. Macht Versuche mit Zeitlupe und mit erhöhter Abspielgeschwindigkeit. Baut Orgon-Akkumulatoren und experimentiert damit. Es handelt sich dabei ganz einfach um einen Kasten von beliebiger Form und Größe, der mit Metall verkleidet ist. Euer furchtloser Reporter erlangte mit 37 Jahren einen spontanen Orgasmus – ohne Zuhilfenahme der Hände – in einem Orgon-Akkumulator, den er sich in einem Orangenhain in Pharr/Texas gebaut hatte. Es war nur ein kleiner Akkumulator für direkte Applikation, aber er funktionierte.

Das ist es, was jeder Junge und jedes Mädchen in ihrer Bastelwerkstatt im Keller tun sollten, wenn sie was erleben wollen.

Die Wirkung des Orgon-Akkumulators kann erheblich verstärkt werden, wenn man *magnetisiertes Eisen* verwendet, das ein starkes

Magnetfeld durch den Körper schickt. Man kann auch handliche Akkumulatoren in Form von Strahlenpistolen konstruieren.

Hier sehen wir Two-Gun MacGee, dem in der Hose einer abgeht. Die Knarre fällt ihm aus der Hand. So schnell er auch war – er war nicht schnell genug.

Und so baut man einen kleinen Richtstrahler-Akkumulator: Man nimmt sechs starke Magnete und fügt sie zu einem Kasten zusammen. In eine Seite des Kastens bohrt man ein Loch, in das man ein Stück Eisenrohr steckt. Kasten und Rohr werden nun mit organischem Material unwickelt: Gummi, Leder, Stoff. Und jetzt richtet man das Rohr auf seine Geschlechtsorgane, oder auf die von Freunden und Nachbarn. Es ist gut für alt und jung, Mensch und Tier, und es ist bekannt unter der Bezeichnung SEX. Es hat außerdem eine direkte Beziehung zu dem, was man LEBEN nennt. Schaffen wir uns also den Heiligen Paulus vom Hals und legen wir den biblischen Keuschheitsgürtel ab. Und dem Tonbandgerät Nummer Drei sagen wir, es soll sein eigenes schmieriges Ding unter Verputz halten: Es stinkt vom Garten Eden bis Watergate.

Ich habe gesagt, der wirkliche Watergate-Skandal sei die anschließende *Verwendung* jener Tonbänder gewesen. Und worin bestand diese Verwendung? Nachdem sie die Aufnahmen in der beschriebenen Weise hergestellt hatten, was haben sie dann damit angefangen?

Antwort: *Sie haben sie am Ort der Aufnahme wieder abgespielt.*

Sie spielen diese Aufnahmen dem Opfer wieder vor. Das wird besorgt aus vorbeifahrenden Autos und von Agenten, die auf der Straße an ihm vorbeigehen. Und sie spielen die Aufnahmen in der Umgebung seiner Wohnung ab. Schließlich auch in der U-Bahn, in Restaurants, in Flughäfen und an anderen öffentlichen Orten. Also auf das Playback kommt es hier entscheidend an.

Ich habe über einen Zeitraum von mehreren Jahren hinweg eine Reihe von Experimenten mit Aufnahmen von der Straße gemacht, die ich dann am Ort der Aufnahme wieder abgespielt habe, und dabei habe ich eine überraschende Feststellung gemacht: *Man braucht gar keine Sex-Tapes, man braucht nicht einmal manipulierte Tonbandaufnahmen, um einen Effekt zu erzielen. Jede Aufnahme, die am Aufnahmeort wieder abgespielt wird, kann einen Effekt auslösen.*

Natürlich werden Sex-Tapes und manipulierte Aufnahmen die stärkere Wirkung haben. Aber etwas von der Macht, die im Wort angelegt ist, wird schon durch ein simples Playback freigesetzt. Das kann jeder nachprüfen, der sich die Zeit nimmt, Experimente wie die nun folgenden durchzuführen. Ich zitiere aus einigen Notizen, die ich mir während meiner Playback-Experimente gemacht habe:

Freitag, 28. Juli 1972 ... Plan 28, würde ich sagen ... Doch zunächst einige Anmerkungen zu den Tonbandexperimenten, wie sie Ian Sommerville erstmals im Jahre 1965 durchgeführt hat. Es ging dabei nicht allein um Aufnahmen auf der Straße, in Gasthäusern, in der U-Bahn und auf Partys, sondern um das anschließende *Abspielen* dieser Aufnahmen *am Ort der Aufnahme*. Als ich 1966 aus den Vereinigten Staaten nach London zurück-

kehrte, hatte er bereits umfangreiches Material zusammengetragen und eine Verfahrensweise ausgearbeitet. Er hatte entdeckt, daß Playback am Ort der Aufnahme bestimmte Effekte auslösen kann. Wenn man eine Aufnahme von einem Verkehrsunfall am Unfallort wieder abspielt, kann das einen neuen Unfall auslösen.

1966 wohnte ich im Rushmore Hotel, 11 Trebovir Road, Earl's Court, und wir führten eine Reihe solcher Operationen durch: Aufnahmen von der Straße, mit anderem Material verschnitten, und anschließend am Ort der Aufnahme wieder abgespielt ... (Ich erinnere mich, daß ich in eine Aufnahme das Geräusch eines vorüberfahrenden Löschzugs der Feuerwehr hineingeschnitten hatte; und als ich diese manipulierte Aufnahme dann auf der Straße wieder abspielte, fuhr tatsächlich ein Löschzug vorbei.)

Eine zusammenfassende Darstellung dieser Experimente gab ich dann in meinem Artikel THE INVISIBLE GENERATION. (Ich frage mich, ob außer CIA-Agenten überhaupt jemand den Artikel gelesen hat oder daran gedacht hat, diese technischen Anleitungen einmal in die Tat umzusetzen ...)

Jeder, der solche Experimente längere Zeit durchführt, wird mehr „Zufälle" registrieren, als die Wahrscheinlichkeitsrechnung zuläßt.

Eine technische Verfeinerung könnte darin bestehen, daß man gleichzeitig mit den Tonaufnahmen auch Fotos oder Filmaufnahmen macht, und dasselbe dann während des Playbacks. Ich habe häufig folgende Feststellung gemacht: Wenn man Ton- und Filmaufnahmen von einem Lokal macht, das man unter Druck setzen

oder zur Aufgabe zwingen möchte, und wenn man dann die Aufnahmen vor dem Lokal abspielt und gleichzeitig neue macht, dann ereignen sich Unfälle, Brände oder Umzüge. Vor allem letzteres. Das Objekt weicht aus.

Wir führten eine solche Operation gegen das Scientology Center in der Fitzroy Street Nr. 37 durch. Einige Monate danach zogen sie um in die Tottenham Court Road Nr. 68. Dort führten wir dann eine erneute Operation gegen sie durch.

Hier ist eine simple Operation, die ich gegen die Moka Bar in der Frith Street Nr. 29, London W 1, durchführte. Sie begann am 3. August 1972, einem Donnerstag ... der Donnerstag, an dem das Blatt sich wendete ... Anlaß für die Operation war grundlose Unverschämtheit seitens der Bedienung, nachdem man mir verschimmelten Käsekuchen serviert hatte ... Also, ich nehme mir die Moka Bar vor. Ich mache Tonbandaufnahmen. Ich mache Fotos. Ich stehe draußen rum. Sie sollen mich ruhig sehen. Langsam werden sie nervös da drin. Der fiese alte Besitzer, seine Alte mit den Sauerkrautlocken, der behämmerte Sohn, der vermuffte Kellner. Ich habe sie am Wickel, und sie wissen es.

„Ihr Typen seid dafür bekannt, daß ihr Stunk macht. Na schön, kommt raus und macht welchen. Schlagt mir die Kamera kaputt und ich ruf' einen Bobby. Hier ist ne öffentliche Straße, ich kann hier machen was ich will."

Falls es tatsächlich Stunk gab, sagte ich dem Polizisten ganz einfach, ich würde Material sammeln für einen Bildband über Soho. Und hier handelte es sich schließlich um Londons erste Espresso-

Bar, nicht? Ich tat den Leuten also einen Gefallen. Daß sie meine wirkliche Absicht kannten, konnten sie schlecht sagen, ohne sich lächerlich zu machen ... „Der macht hier keinen Bildband. Er möchte unsere Kaffeemaschine in die Luft jagen, die Küche in Brand setzen, Schlägereien anzetteln, damit wir ne Verwarnung vom Gesundheitsamt kriegen!"

Ja, ich hatte sie am Wickel, und sie wußten es. Ich schaute rein und grinste den alten Besitzer an, als müßte er sich über meine Tätigkeit freuen. Playback und weitere Fotos würden später kommen. Ich ließ mir Zeit, ich schlenderte rüber zum Brewer Street Market und machte Aufnahmen von einem Three Card Monte Spiel. Einen Moment lang sieht man's, und dann wieder nicht.

Playback wurde mehrere Male durchgeführt, und jedesmal wurden neue Fotos gemacht. Ihr Geschäft flaute ab. Ihre Öffnungszeiten wurden kürzer und kürzer. Am 30. Oktober 1972 machte die Moka Bar dicht. Jetzt ist dort die Queens Snack Bar drin.

Wie läßt sich nun das Modell mit den 3 Tonbandgeräten auf diese simple Operation übertragen? T-1 ist die Moka Bar in ihrem ursprünglichen Zustand. T-2 sind meine Aufnahmen von der Moka Bar und Umgebung. Diese Aufnahmen verschaffen mir *Zugang*. Erinnern wir uns: T-2 im Garten Eden war Eva, die Adam aus den Rippen geschnitten wurde. Eine Aufnahme von der Moka Bar ist also *ein Stück* von der Moka Bar. Sobald man eine Aufnahme gemacht hat, wird sie autonom und ist der Kontrolle der sogenannten Besitzer entzogen. T-3 ist das *Playback*. Adam fühlt sich beschämt, wenn ihm sein schändliches Betragen gleich anschließend wieder vorgespielt wird von Tonbandgerät Nummer

Drei, d.h. Gott. Indem ich die Moka Bar dem Playback meiner Aufnahmen aussetze, wann ich will, und mit all den Veränderungen die ich daran vornehmen will, werde ich Gott für dieses Lokal und seine Besitzer. Ich wirke auf sie ein. Sie können nicht auf mich einwirken.

Und welche Rolle spielen Fotos bei dieser Operation? Erinnern wir uns, was ich anfangs über das geschriebene und das gesprochene Wort gesagt habe. Das geschriebene Wort ist ein Bild, ein Foto. Das gesprochene Wort läßt sich definieren als verbale Einheiten, die mit diesen Bildern korrespondieren; und dies ließe sich erweitern auf *alle* Lautfolgen, die mit diesen Bildern korrespondieren ...

Tonaufnahmen und Bilder konstituieren Tonbandgerät Nummer Zwei und verschaffen Zugang. Tonbandgerät Nummer Drei ist Playback und „Realität".

Angenommen, in dein Badezimmer und Schlafzimmer werden versteckte Mikrophone und Infrarot-Kameras eingebaut. Diese Ton- und Filmaufnahmen verschaffen Zugang. Eine Sitzung auf dem Klo oder ein Geschlechtsverkehr sind für dich normalerweise nichts Beschämendes. Aber beschämend wird es, wenn einer davon Aufnahmen gemacht hat und diese dann einem empörten Publikum vorspielt.

Nun betrachten wir einmal das weite Feld der Politik und wie man da an entsprechendes Material herankommt. Hier sind natürlich zahlreiche Aufnahmen ohne weiteres verfügbar, da Politiker im Fernsehen auftreten. Solche Aufnahmen verschaffen

uns allerdings keinen Zugang. Den Mann, der da eine Rede hält, kriegen wir ja nicht leibhaftig zu fassen. Folglich werden intimere oder zumindest private Aufnahmen benötigt, und dies ist der Grund, weshalb sich die Watergate-Verschwörer auf Einbrüche verlegen mußten. Ein Präsidentschaftskandidat ist kein so einfaches Ziel wie die Moka Bar. Außerdem kann er seinerseits Aufnahmen von seinen Gegnern machen. Das Spiel ist also kompliziert, es herrscht starke Konkurrenz, beide Seiten machen Aufnahmen. Das führt unweigerlich zu technischen Verfeinerungen, die im einzelnen erst noch ans Licht gebracht werden müssen.

Aber das Prinzip für solche Operationen – Tonbandaufnahmen, Fotos, Playback und weitere Fotos – kann mit Hilfe eines Tonbandgeräts und eines Fotoapparats von jedem in die Tat umgesetzt werden. Alle können mitspielen. Millionen von Leuten, die diese simple Operation durchführen, könnten das Kontrollsystem lahmlegen, das die Drahtzieher hinter Watergate und Nixon durchzudrücken versuchen. Wie alle Kontrollsysteme beruht es auf der Aufrechterhaltung eines Monopols. Wenn jedoch jeder Tonbandgerät Nummer Drei sein kann, verliert Tonbandgerät Nummer Drei seine Macht. Ein Gott, der nicht mehr der *einzige* Gott ist, kann einpacken.

DIE ELEKTRONISCHE REVOLUTION

In meinem Artikel DIE UNSICHTBARE GENERATION (zuerst erschie-
nen 1966 in INTERNATIONAL TIMES und in der LOS ANGELES FREE
PRESS und nachgedruckt in meinem Buch THE JOB) beschäftige ich
mich mit dem möglichen Effekt, der eintreten kann, wenn Tausende
von Leuten mit Tonbandgeräten Informationen ausstreuen wie
durch ein Netz von Buschtrommeln: eine Parodie auf die Rede des
Präsidenten, die Balkone rauf und runter, durch Fenster rein und
raus, durch Wände, über Hinterhöfe, aufgenommen und weiterge-
tragen von Hundegebell, brabbelnden Pennern, Musik, Verkehr, der
sich durch enge Straßenschluchten wälzt und hinaus über Parks
und Sportplätze. Illusion ist eine revolutionäre Waffe. Hier einige
Anwendungsbereiche für Cut-Up-Tonbänder, die – wenn man sie
auf der Straße abspielt – eine revolutionäre Waffe sein können:

Verbreitung von Gerüchten
Stell zehn Tonbandagenten mit sorgfältig vorbereiteten Aufnahmen während der Rush-hour auf die Straße und sieh zu, wie
schnell sich die Worte verbreiten. Die Leute haben etwas gehört,
wissen aber nicht, woher es kam.

Diskreditierung von politischen Gegnern

Nimm eine Rede von George Wallace auf Band auf, verschneide sie mit Gestammel, Husten, Niesen, Sabbern und Geifern von Schwachsinnigen, Sex- und Tiergeräuschen, und spiel die Aufnahme auf der Straße, in U-Bahnen, Bahnhöfen, Parks und auf politischen Veranstaltungen ab.

Auslösen und Eskalieren von Krawallen

Nichts an diesem Vorgang ist rätselhaft oder unbegreiflich. Geräuscheffekte von Krawallen können einen tatsächlichen Krawall auslösen, wenn eine Krawallsituation gegeben ist. *Trillerpfeifen vom Tonband werden Bullen auf den Plan rufen, Schüsse vom Tonband, und sie ziehen ihre Waffen:*

„Mein Gott, die killen uns!"

Hinterher sagte ein Nationalgardist: „Ich hörte die Schüsse und sah, wie mein Kumpel zusammensackte, sein Gesicht war blutüberströmt (wie sich herausstellte, war er von einer Steinschleuder getroffen worden), und ich sagte mir, also jetzt isses soweit." Blutiger Mittwoch. Benommen registriert die amerikanische Nation 23 Tote und 32 Verletzte, 6 davon schweben in Lebensgefahr.

Hier ist eine alltägliche Situation, die zu einem Krawall führen kann: Demonstranten sind aufgefordert worden, friedlich zu demonstrieren, Polizei und Nationalgarde haben Anweisung erhalten, sich Zurückhaltung aufzuerlegen. Zehn Tonbandagenten mit Tonbändern unter der Jacke, Aufnahme und Wiedergabe gesteuert durch Bedienungsknöpfe am Revers. Sie haben Bänder mit Aufnahmen von Krawallen in Chicago, Paris, Mexico City, Kent

State/Ohio. Wenn sie den Geräuschpegel ihrer Aufnahme dem der jeweiligen Umgebung anpassen, wird man ihnen nicht auf die Spur kommen. Rempelei zwischen Polizisten und Demonstranten. Die Tonbandagenten ziehen sich am Ort des Geschehens zusammen, spielen Chicago ab, nehmen auf, spielen wieder ab, gehen weiter zur nächsten Rempelei, nehmen auf, spielen weiter. Die Sache wird langsam heiß; ein Bulle liegt am Boden und stöhnt. Von den Tonbändern erklingt ein schriller Chor von quiekenden Säuen und parodistischem Gestöhne.

Ließe sich eine Krawallsituation beruhigen mit Aufnahmen von friedlich palavernden Bullen und ruhigen vernünftigen Demonstranten? Möglich. Jedenfalls ist es bedeutend einfacher, einen Krawall auszulösen als ihn zu stoppen. Womit lediglich gesagt sein soll, daß Tonband-Cut-Ups als revolutionäre Waffe eingesetzt werden können. Wie man sieht, stellen die Tonbandagenten im Laufe ihrer Tätigkeit ein Cut-Up her: Sie verschneiden Aufnahmen aus Chicago, Paris, Mexico City, Kent State/Ohio in beliebigen Intervallen mit den Geräuschen der jeweiligen Umgebung, und das ist ein Cut-Up.

Scramble (Zerhacken) und Deaktivieren von Assoziationsreihen der Massenmedien
Die Kontrolle der Massenmedien beruht darauf, daß sie dich auf bestimmte Assoziationsreihen festlegen. Wenn diese Reihen zerschnitten werden, sind die Assoziationsverbindungen unterbrochen.

„Gestern stürmte Präsident Johnson 26 Meilen nördlich von Saigon in ein Nutten-Apartment und hielt drei Mädchen die Knarre vor."

Mit einem Tonbandgerät läßt sich das hypnotische Gemurmel der Massenmedien schneiden und in veränderter Form auf die Straße bringen. Nehmen wir einmal das Gemurmel der Tagespresse. Es geht los mit den Morgenausgaben, Millionen Menschen lesen die gleichen Worte, sie saugen sie auf, speien sie aus, fluchen oder freuen sich darüber – alles Reaktionen auf die gleichen Worte. Ein Antrag im Parlament, der Mr. Callaghans Entschluß begrüßte, die Cricket-Tournee durch Südafrika zu verbieten, hat dem Oberst das Frühstück verdorben. Alles Reaktionen auf eine Papierwelt aus zweiter Hand, die aber unvermittelt zu einem festen Bestandteil der Realität werden. Man wird feststellen, daß in diesem Prozeß ständig zufällige Randerscheinungen mit einspielen: Was für ein Hinweisschild hast du gesehen, als du von deiner Zeitung aufgeschaut hast? Wer rief dich eigentlich an, als du gerade deinen Leserbrief in der TIMES gelesen hast? Was hast du gelesen, als deiner Frau in der Küche ein Teller herunterfiel? Eine unwirkliche Papierwelt – und doch vollkommen real, denn das alles geschieht ja tatsächlich. Das beharrliche Mauscheln der EVENING NEWS, im Fernsehen ... Millionen Menschen vor dem Bildschirm fixiert, die alle zur gleichen Zeit Jesse James oder „Die Leute von der Shiloh Ranch" sehen. Das internationale Gemauschel der Nachrichtenmagazine immer um eine Woche voraus datiert. Schon gemerkt, daß es ein Todeskuß ist, wenn einer auf der Titelseite von TIME MAGAZINE erscheint? Madame Nhu war auf der Titelseite, als ihr Mann umgelegt wurde und die Regierung stürzte. Verwoerd war auf der Titelseite von TIME, als ihm ein dämonischer Bandwurm den Befehl gab, zu verrecken. Lebte zurückgezogen, las in der Bibel, ein angenehmer Mensch, man kennt den Typ. Alles wie gehabt, hier steht's, druckfrisch.

Also rühren wir Nachrichtenmeldungen, Fernsehspiele, Börsenberichte und Anzeigen in einem Topf zusammen und bringen den Schmant in veränderter Form auf die Straße.

Die Untergrundpresse ist das einzige wirksame Gegenmittel gegen die wachsende Macht und die immer raffinierteren Techniken, die von den etablierten Massenmedien eingesetzt werden, um Informationen, Bücher und Entdeckungen, die den Interessen des Establishments abträglich sein könnten, zu verfälschen, zu verdrehen, aus dem Zusammenhang zu reißen, rundheraus lächerlich zu machen oder ganz einfach zu ignorieren und unter den Teppich zu kehren.

Ich gebe zu bedenken, daß die Untergrundpresse ihre Funktion viel wirksamer ausüben könnte, wenn sie Cut-Up-Techniken verwenden würde. Zum Beispiel: Stellt Cut-Ups her, aus den widerwärtigsten reaktionärsten Statements, die ihr finden könnt und umgebt sie mit den widerwärtigsten Bildern. Behandelt das ganze mit Sabbern, Geifern und Tiergeräuschen und bringt es als unterschwelliges Mauscheln mit Tonbandgeräten auf die Straße. Macht Tonband-Cut-Ups aus Radio- und Fernsehnachrichten, schreibt das Zeug ab und bringt in jeder Ausgabe eurer Zeitung eine Seite mit Scramble-Meldungen. Spielt die Tonband-Cut-Ups auf der Straße ab, bevor die Zeitung ausgeliefert wird. Man hat ein komisches Gefühl, wenn man in der Zeitung plötzlich eine Schlagzeile sieht, die einem schon die ganze Zeit im Kopf herumgegangen ist. Die Untergrundpresse könnte ihre gedruckten Anzeigen mit derartigen Tonband-Cut-Ups auf der Straße erweitern und damit eine einzigartige Werbung auf die Beine stellen. Verschneidet den Text der Anzeigen mit Pop-Melodien. Oder verschneidet Anzeigen

für ein Produkt, dem ihr die Luft rauslassen wollt, mit Werbeslogans von anderen Produkten. Wer an der Wirksamkeit dieser Techniken zweifelt, braucht sie nur zu testen. Die Techniken, die hier beschrieben sind, werden von der CIA und von Agenten in anderen Ländern angewandt. Vor zehn Jahren wurden in allen Stadtteilen von Paris systematisch Straßenaufnahmen gemacht. Und ich erinnere mich an den Mann von der Voice of America in Tanger in einem Zimmer voller Tonbandgeräte, da hörte man eigenartige Töne durch die Wand. Ließ sich nicht blicken, sagte kurz HALLO, wenn man ihn im Flur traf. Niemand durfte das Zimmer betreten, nicht mal eine Fatima. Natürlich gibt es allerlei technische Verfeinerungen wie z. B. Richtmikrophone für größere Entfernungen. Wenn man den Gebetsruf des Muezzin mit Schweinegrunzen verschnitten hat, ist es nicht ratsam, sich auf dem Marktplatz mit einem Kassettenrecorder erwischen zu lassen.

Ein Artikel im NEW SCIENTIST, 4. Juli 1970, Seite 470, mit dem Titel „Electronic Arts of Noncommunication" von Richard C. French enthält Hinweise auf weitere technische Einzelheiten.

1968 besprach ich ein kurzes Band und schnitt es in Zusammenarbeit mit Ian Sommerville und Anthony Balch in Einheiten von je 1/24 Sek. Ich benutzte Filmband, da es breiter ist als gewöhnliches Band und entsprechend leichter zu schneiden. Die Reihenfolge der Bandeinheiten von 1/24 Sek. wurde verändert. Die originalen Worte sind absolut unverständlich geworden, aber neue Wörter tauchen auf. Die Stimme bleibt erhalten und man kann den Sprecher ohne weiteres identifizieren. Der Tonfall bleibt ebenfalls erhalten. War der Tonfall der ursprünglichen Aufnahme

freundlich, feindselig, sexy, poetisch, sarkastisch, ausdruckslos oder verzweifelt, dann ist er auch trotz der veränderten Reihenfolge der Einheiten noch deutlich zu erkennen.

Damals war ich mir nicht bewußt, daß ich eine Technik angewandt hatte, die es bereits seit 1881 gibt ... Ich zitiere aus dem Artikel von Mr. French: „Konstruktionen von Sprachzerhackern gehen zurück auf das Jahr 1881 und seitdem ist es immer wieder wünschenswert gewesen, Telefongespräche oder Funksprüche für Dritte unverständlich zu machen" ... Die Nachricht wird zerhackt gesendet und auf Empfängerseite wieder zusammengesetzt. Es gibt eine ganze Anzahl solcher Sprachzerhacker, die nach verschiedenen Prinzipien arbeiten ... „Ein anderes Gerät, das im Krieg eingesetzt wurde, war der Scrambler nach Zeiteinheiten. Das Signal wird in Einheiten von 0,005 cm Länge zerlegt. Diese Einheiten werden zu Gruppen zusammengefaßt und in einer neuen Reihenfolge angeordnet. Stellen wir uns vor, daß eine Sprachaufnahme auf Tonband in Einheiten von 0,2 cm Länge zerschnitten wird und daß diese Einheiten in eine neue Reihenfolge gebracht werden. Das läßt sich ohne weiteres machen und vermittelt einen guten Eindruck davon, wie sich eine derart zerhackte Sprachaufnahme anhört."

Das hatte ich also 1968 gemacht. Und das ist eine Erweiterung der Cut-Up-Methode. Das einfachste Cut-Up besteht darin, daß man eine Textseite in 4 gleiche Teile schneidet und die Teile neu ordnet – Teil 1 neben Teil 4, und Teil 3 neben Teil 2. Ein nächster Schritt wäre, daß man die Textseite in noch kleinere Teile zerlegt, woraus sich dann noch mehr Kombinationsmöglichkeiten ergeben.

Der ursprüngliche Sinn von Zerhackern war, eine Nachricht unverständlich zu machen für jeden, der nicht den Zerhacker-Code kannte. Eine andere Funktion von Sprachzerhackern könnte es sein, in großem Stil Gedanken zu steuern und zu kontrollieren. Betrachten wir den menschlichen Körper und das menschliche Nervensystem als Entschlüsselungsgerät. Irgendein Virus, z.B. der Grippevirus, könnte dieses Gerät, dessen Mechanismus in Gang setzen, so daß der Betreffende Codesignale entschlüsselt. Drogen wie LSD oder Dim-N könnten ebenfalls als Entschlüsselungsmechanismen fungieren. Es könnte sein, daß die Massenmedien in Millionen Menschen den Mechanismus in Gang setzen, der verschlüsselte Versionen ein und derselben Nachricht empfängt und entschlüsselt. Dabei ist folgendes zu bedenken: Wenn das menschliche Nervensystem eine verschlüsselte Nachricht empfängt und entschlüsselt, wird dem Betreffenden diese Nachricht wie sein eigener Gedanke erscheinen, der ihm gerade in den Kopf gekommen ist – und das ist er auch in der Tat.

Wir ziehen also irgendeine beliebige Karte aus dem Ärmel. In den meisten Fällen wird der Betreffende nichts Verdächtiges bemerken. Jedenfalls nicht der normale Zeitungsleser, der die verschlüsselten Nachrichten unkritisch aufnimmt, in der Annahme, sie reflektiere seine eigene Meinung, die er sich bereits selbständig gebildet habe. Andererseits, wenn wir mit der menschlichen Stimme arbeiten, könnte es durchaus sein, daß der Betreffende den fremden Ursprung der Stimme, die da buchstäblich in seinem Kopf ausschlüpft, erkennt, oder daß ihm ein entsprechender Verdacht kommt. Dann haben wir das klassische Syndrom der paranoiden Psychose. Unser Freund hört Stimmen. Jeder kann mit Scramble-Techniken dazu gebracht werden, Stimmen zu

hören. Es ist nicht schwer, ihn der eigentlichen verschlüsselten Nachricht auszusetzen, die im übrigen so beschaffen sein kann, daß er ab und zu einen Teil davon versteht. Man kann das machen mit Kassettenrecordern auf der Straße oder im Auto, oder mit Radios und Fernsehgeräten, die man entsprechend präpariert hat. Möglichst in seiner eigenen Wohnung. Oder aber in Bars oder Restaurants, die er häufig besucht. Wenn er noch nicht mit sich selbst spricht, wird er es bald tun. Man präpariert seine Wohnung mit versteckten Mikrophonen. Jetzt ist er wirklich auf der Rolle, denn er hört seine eigene Stimme aus Radio- und Fernsehsendungen und aus den Unterhaltungen wildfremder Leute auf der Straße. So einfach ist das. Wobei wir uns in Erinnerung zurückrufen, daß die verschlüsselten Nachrichten ja verständliche Passagen enthalten, und den Tonfall kriegt er in jedem Fall mit ... Feindselige Stimmen von Weißen, von einem Neger entschlüsselt, werden durch Assoziation sämtliche Gelegenheiten aktivieren, bei denen er von Weißen bedroht und erniedrigt worden ist. Man kann das weiterführen und einen Menschen mit Aufnahmen von Stimmen berieseln, die ihm bekannt sind. Eine feindselige verschlüsselte Nachricht mit der Stimme eines Freundes wird zur Folge haben, daß er sich gegen diesen Freund wendet. Und all seine früheren Meinungsverschiedenheiten mit diesem Freund werden aktiviert. Umgekehrt kann man ihn durch freundliche verschlüsselte Nachrichten mit Stimmen seiner Feinde dazu bringen, daß er seine Feinde lieben und schätzen lernt.

Oder sie bearbeiten ihn mit Stimmen, die ihm gut zureden. Der arbeitet jetzt für die CIA oder GPU oder sonstwen und er hat die und die Anweisungen. Damit haben sie einen Agenten, dem keinerlei Information zu entreißen ist, und sie müssen ihm nicht

mal was bezahlen. Denn sie haben ihn jetzt völlig unter Kontrolle. Folgt er den Anweisungen nicht, dann können sie ihn jederzeit einer Behandlung mit feindseligen Stimmen unterziehen. Nein, „sie" sind keine Götter oder Supertechniker von einem anderen Planeten. Es sind nur Techniker, die mit allgemein bekannten Geräten arbeiten und Methoden anwenden, die jeder nachmachen kann, der sich die Geräte beschafft und handhaben lernt.

Um zu sehen, wie Scramble-Methoden im großen Stil aussehen könnten, stellen wir uns einmal vor, ein Nachrichtenmagazin wie Time würde eine ganze Ausgabe eine Woche vor dem fälligen Erscheinungstermin herausbringen, und zwar mit Nachrichten, die auf Vorhersagen beruhen und einer bestimmten Linie folgen, ohne freilich das Unmögliche zu versuchen. Man würde unseren Jungs in jeder Story ein bißchen Auftrieb geben und den Commies so viele Niederlagen und Verluste wie möglich – eine ganze Ausgabe von Time auf der Grundlage tendenziöser Vorhersagen von Ereignissen, die noch gar nicht stattgefunden haben. Und nun stellen wir uns vor, das Ganze würde von den Massenmedien aufgegriffen und in der üblichen Weise in entstellter und verzerrter Form wiedergegeben und verbreitet ...

Mit minimaler Ausrüstung läßt sich das gleiche in kleinerem Rahmen durchführen. Man braucht dazu ein Scramble-Gerät, Radio, Fernsehgerät, zwei Videokameras, einen Piratensender und ein einfaches Aufnahmestudio mit etwas Staffage und ein paar Schauspielern. Als Einstieg könnte man sämtliche Nachrichtensendungen durch den Zerhacker laufen lassen und sie dann über Piratensender und mit Kassettenrecorder auf die Straße hinausjagen. Dann kann man mit der Videokamera gestellte Nachrichten-

sendungen produzieren. Als Illustration kann man alte Filmaufnahmen verwenden. Aufnahmen aus Mexico City können mit
einem Text über Unruhen in Saigon unterlegt werden und umgekehrt. Für Unruhen aus Santiago de Chile kann man Aufnahmen
aus Londonderry verwenden. Keiner merkt den Unterschied.
Brandkatastrophen, Erdbeben, Flugzeugabstürze können unter-
einander ausgetauscht werden. Hier ist z. B. ein Flugzeugabsturz
nördlich von Barcelona, 112 Tote, und hier ein Flugzeugabsturz in
Toronto, 108 Tote. Nehmen wir also die Bilder von Toronto für die
Story von Barcelona. Und diese gezinkten Nachrichten blenden
wir mit Piratensendern in die echten Nachrichtensendungen ein.
Dabei hast du einen Vorteil, den dein Gegenspieler nicht hat. Er
muß seine Manipulation verschleiern. Dazu bist du nicht ge-
zwungen. Im Gegenteil, du kannst öffentlich bekanntgeben, daß
du Nachrichten im voraus zurechtmachst und erreichen willst,
daß die gemeldeten Ereignisse dann auch tatsächlich eintreten.
Und das mit Techniken, die jeder anwenden kann. Und damit
wirst DU gleichzeitig für die Nachrichten interessant. Und fürs
Fernsehen, wenn du es richtig anstellst. Und du erhältst die größtmögliche Publicity für Cut-Up-Videobänder. Cut-Up-Techniken
könnten die Massenmedien unter einem Schwall von Fiktionen
begraben.

Fiktive Tageszeitungen haben rückwirkend das Erdbeben von
San Francisco und die Explosion von Halifax abgesagt mit der Be-
gründung, irgendwelche Journalisten hätten sich da einen schlech-
ten Witz erlaubt; und gefräßige Zweifel, die sich unter der Haut
eingenistet haben, verschlangen sämtliche Fakten der Geschichte.

Mr. French beschließt seinen Artikel mit folgender Bemerkung:
„Die Verwendung von mikroelektrischen integrierten Schalt-
kreisen, wie es sie heute gibt, könnten die Herstellungskosten für
Sprachzerhacker so weit senken, daß sie für jeden einzelnen
erschwinglich werden. Codewörter und Chiffrierschlüssel haben
immer schon auf die meisten Menschen einen großen Reiz aus-
geübt, und ich glaube, Scramblers würden das auch tun ... "

Es wird allgemein angenommen, daß Sprache bewußt aufgenommen und verstanden werden muß, um eine Wirkung zu
haben. Versuche mit unterschwelligen Bildern haben gezeigt, daß
dies nicht der Fall ist. Man könnte sich eine ganze Reihe von
Forschungsprojekten vorstellen, die von Sprachzerhackern ausge-
hen. Wir kennen alle das Experiment, wo einer redet und von
einem Tonband mit einer Verzögerung von einigen Sekunden
seine eigenen Worte wiederhört. Und bald kann er nicht mehr
weitersprechen. Würde zerhackte Sprache den gleichen Effekt
haben? Bis zu welchem Grad werden zerhackte Botschaften
tatsächlich von den Versuchspersonen entschlüsselt? Bis zu welchem Grad fungiert eine Sprache als Entschlüsselungsmecha-
nismus – wobei die westlichen Sprachen die Tendenz haben, in
Entweder-Oder (also in gegensätzlichen) Strukturen zu entschlüsseln? Bis zu welchem Grad bewirkt der Tonfall des Sprechers, daß
der Hörer in einer bestimmten Reihenfolge entschlüsselt?

Viele dieser Cut-Up-Bänder werden unterhaltsam sein, und in
der Tat lassen sich auf dem Gebiet der Unterhaltung mit Cut-Up-
Techniken die besten Resultate erzielen. Man denke etwa an ein
Popfestival wie Phun City, 24.-26. Juli 1970 in Ecclesden Common,
Patching, in der Nähe von Worthing/Sussex. Zur Anlage gehört

ein Parkplatz und ein Campingplatz, ein Rock-Auditorium, ein Dorf mit Buden und Kino, ringsumher bewaldetes Gebiet. Eine Anzahl von Tonbandgeräten wird im Wald und im Dorf installiert. So viele wie möglich, damit ein Netz von Sound über das ganze Festival gelegt wird. Abgespielt werden Bänder mit Musik, Nachrichtensendungen, Aufnahmen von anderen Festivals usw. Ein Teil der Tonbandgeräte spielt ständig ab, ein Teil nimmt auf. Aufgenommen werden natürlich nicht nur Live-Geräusche des Festivals, sondern auch die abgespielten Konserven. Die Anwesenden werden also in das Ganze einbezogen und hören ihre eigenen Stimmen von den Tonbändern wieder. Abspielen, Zurückspulen und Aufnehmen könnte in wechselnden Abständen elektronisch gesteuert werden. Oder die Geräte könnten von Hand bedient werden und jeder könnte selbst entscheiden, wann er aufnehmen, zurückspulen oder abspielen will. Die Wirkung würde erheblich verstärkt, wenn möglichst viele Besucher des Festivals ihre Kassettenrecorder mitbringen und beim Herumgehen aufnehmen und abspielen, was sich ereignet. Dies könnte man noch erweitern mit Videokameras und Projektionsflächen. Ein Teil des Videoband-Materials würde vorbereitet sein – Sexfilme, Filme von anderen Festivals usw., und dieses Material würde an Ort und Stelle mit Live-Aufnahmen und Fernsehsendungen, die man vom laufenden Programm aufzeichnet, zusammengeschnitten werden. Natürlich erscheinen Live-Aufnahmen aus allen Teilen des Rock-Festivals auf den Projektionsflächen, Tausende von Fans mit Kassettenrecordern nehmen auf und spielen ab; die Sänger könnten das Aufnehmen und Abspielen von der Bühne aus leiten. Man reserviert einen Platz für Schausteller und fahrendes Volk, Jongleure, Tierbändiger, Schlangenbeschwörer, Bänkelsänger und Musikanten und schneidet das mit den anderen Aufnahmen

zusammen. Eine Auswahl aus den besten Film- und Tonaufnahmen vom Festival könnte dann bei anderen Festivals wieder verwendet werden.

Eine ganze Menge Geräte sind nötig, und es bedeutet einen ziemlichen Aufwand, das alles aufzubauen. Deshalb wäre es wohl sicher ein Vorteil, wenn möglichst viele Besucher ihre eigenen Kassettenrecorder mitbringen und beim Aufnehmen und Abspielen mitwirken.

Wer eine Botschaft verbreiten will, Musik oder sonstwas, sollte sie auf Tonband mitbringen, und die anderen werden alle ein Stück davon mit nach Hause nehmen.

Ein Forschungsprojekt: feststellen, bis zu welchem Grad verzerrte Nachrichten entschlüsselt werden, d. h. wieweit sie von Versuchspersonen verstanden werden. Das einfachste Experiment besteht darin, der VP eine verzerrte Nachricht vorzuspielen. Die Nachricht könnte einfache Anweisungen enthalten. Ist nun der Aufforderungscharakter der verzerrten Nachricht ähnlich wirksam wie der einer posthypnotischen Anweisung? Ist der eigentliche Inhalt der Nachricht verstanden worden? Welche Drogen, falls überhaupt welche, verstärken die Fähigkeit, Nachrichten zu entschlüsseln? Ist diese Fähigkeit bei den VP sehr unterschiedlich? Sind verzerrte Nachrichten mit der eigenen Stimme der VP wirksamer als solche mit anderen Stimmen? Sind die Nachrichten, wenn sie von ganz bestimmten Stimmen gesprochen werden, für manche Personen leichter zu verstehen als für andere? Ist die Wirkung der Nachricht größer, wenn sowohl Ton als auch Bild eines Videofilms verzerrt werden?

Nehmen wir z. B. eine Nachricht auf Videoband mit einem einheitlichen emotionalen Inhalt. Sagen wir einmal, dieser Inhalt sei

„Angst". Dazu verwenden wir alle Aufnahmen von Angstsituationen der VP, die wir finden oder heraufbeschwören können. Dieses Material schneiden wir dann mit angsteinflößenden Worten und Bildern, mit Drohungen usw. zusammen. Das Ganze ist realistisch hart inszeniert und dürfte in jedem Fall schon aufregend genug sein. Nun wird es aber zusätzlich noch verzerrt, und wir wollen sehen, ob wir nicht eine noch viel stärkere Wirkung erzielen können.

Blutdruck, Herzschlag und Hirnwellen der VP werden aufgezeichnet, während wir das verzerrte Band abspielen. Das Gesicht der VP wird laufend gefilmt und ist für die VP die ganze Zeit auf einem Monitor zu sehen.

Das eigentliche Verzerren des Bandes kann auf zwei Arten geschehen: Man kann systematisch vorgehen und eine Montage nach bestimmten Gesichtspunkten herstellen; es kann aber auch ein völlig willkürlicher Prozeß sein, wie wenn man Lose aus einem Hut zieht, und auch in diesem Fall können mehrere folgerichtige Einheiten hintereinander entstehen, die ein identifizierbares oder verständliches Wort ergeben. Natürlich können beide Methoden in wechselnden Abständen angewandt werden. Die Aufzeichnungen von Blutdruck, Herzschlag und Hirnwellen werden dem Versuchsleiter zeigen, welches Material die stärkste Wirkung hervorruft, und darauf wird er sich dann natürlich konzentrieren. Man darf auch nicht vergessen, daß die VP die ganze Zeit ihren Gesichtsausdruck auf dem Monitor verfolgen kann. Wie ein Voyeur einmal richtig sagte, ist der Ausdruck der Angst auf dem eigenen Gesicht der schrecklichste Anblick, den es gibt. Für den Fall, daß die VP durchdreht, liegen deshalb Bänder mit beruhigendem Inhalt bereit.

Nun, hier haben wir ein Sex-Band: es besteht aus einer Sex-Szene, die vom idealen Sexpartner der VP und deren idealem Selbstbildnis bestritten wird. Selbst ohne zusätzliche Effekte dürfte das schon recht aufregend sein. Nun verzerren wir das Band. Ein verzerrtes Band braucht immer ein paar Sekunden, bis es wirkt. Und dann? Können verzerrte Bänder so auf die Reaktionen und die Hirnwellen der VP einwirken, daß sie einen spontanen Orgasmus auslösen? Läßt sich das auf andere Funktionen des Körpers ausdehnen? Ein verstecktes Mikrophon auf der Toilette der VP, das Scheißen und Furzen des Opfers wird aufgenommen und zusammengeschnitten mit den strengen Stimmen von Kindermädchen, die ihm befehlen, zu scheißen – der junge Liberale wird mitten auf der Rednertribüne, direkt unter dem Sternenbanner, in die Hose scheißen. Könnten Bänder mit Gelächter, Niesen, Schluckauf und Husten jemand dazu bringen, daß er lacht, niest, Schluckauf oder einen Hustenanfall bekommt? Bis zu welchem Grad ist es möglich, jemand mit Hilfe eines verzerrten Bandes, das aus dem entsprechenden Material besteht, physisch krank zu machen? Wir machen beispielsweise einen farbigen Tonfilm von einer Person, die Schnupfen hat. Später, wenn sie wieder gesund ist, machen wir einen Film von der gesunden Person. Nun schneiden wir Bild und Ton des Schnupfenfilms mit den Aufnahmen von der gesunden Person zusammen. Außerdem projizieren wir Standaufnahmen der verschnupften Person auf die gesunde Person. Wir versuchen jetzt, einige von Mr. Hubbards[1] „Reactive Mind"[2] -Sätzen ins Spiel zu bringen, von denen

1 Lafayette Ron Hubbard, amerikanischer Ingenieur und Science-Fiction-Autor, Begründer der Scientology – einer Lebenslehre, in der sich Erkenntnisse der Psychiatrie und Parapsychologie mit Grenzgebieten anderer Wissenschaften vermischen.

er behauptet, daß sie allein einen schon krank machen können: ich sein, du sein, hier sein, dort sein, ein Körper sein, viele Körper sein, jetzt sein, gewesen sein. Dies alles schneiden wir zusammen und führen es der VP vor. Wäre es denkbar, daß das Sehen und Hören dieser Ton- und Bildfolge, wenn sie aus sehr kleinen Einheiten zusammengesetzt ist, eine erneute Erkältung auslöst? Wenn dies der Fall sein sollte, können wir jedoch nicht davon sprechen, einen neuen Virus erzeugt zu haben; vielleicht haben wir nur einen latenten Virus aktiviert. Wir wissen, daß viele Viren latent im Körper vorhanden sind und aktiviert werden können. Das gleiche könnten wir mit Virusgrippe oder Hepatitis versuchen; wobei allerdings immer zu bedenken ist, daß wir nur einen latenten Virus aktivieren und keinesfalls einen synthetischen Virus erzeugen. Wir könnten jedoch sehr wohl in der Lage sein, das zu tun; besteht ein Virus nicht vielleicht nur aus sehr kleinen Einheiten von Bild und Ton? Erinnern wir uns daran, daß das „Image", die Existenz eines Virus, die Ton- und Bildeinheit ist, die er auf dich einwirken lassen kann: die gelben Augen der Gelbsucht, die Eiterbläschen der Pocken usw., die dir gegen deinen Willen aufgedrängt werden.

Sicherlich verhält es sich genauso mit verzerrten Worten und Bildern: Der Kern ihrer Existenz ist das Wort und Bild, das sie dich entschlüsseln lassen. Aber eine Ton- und Bildeinheit in einem verzerrten Band ist deshalb noch kein tatsächlicher Virus.

---

2 Reactive Mind (RM): etwa vergleichbar dem Freudschen Unbewußten. Für die Anhänger der Scientology, die an zahlreiche frühere Leben glauben, verbindet sich damit allerdings die Überzeugung, daß ein Schmerz oder eine Verletzung aus einem früheren Leben durch den RM neu aktiviert werden kann, wenn ähnliche Begleitumstände gegeben sind wie bei dem früheren Ereignis.

Um einen synthetischen Virus zu erzeugen, müßten wir vermutlich nicht nur Tontechniker und ein Kamerateam, sondern auch einen Biochemiker einsetzen. Ich zitiere aus einem Artikel über synthetische Gene in der INTERNATIONAL HERALD TRIBUNE, Paris: „Dr. Har Johrd Khorana hat ein synthetisches Gen hergestellt."

„Das ist der Anfang vom Ende", war die spontane Reaktion eines Attachés für wissenschaftliche Zusammenarbeit einer bedeutenden ausländischen Botschaft in Washington. „Wenn es möglich ist, Gene herzustellen, kann man schließlich auch neue Viren herstellen, gegen die es kein Mittel gibt. Jedes kleine Land, das über gute Biochemiker verfügt, könnte solche biochemischen Waffen herstellen, man braucht dazu nur ein kleines Labor. Wenn man es machen kann, wird irgendwann einer es tun." Man könnte z. B. eines Todesvirus herstellen, der die verschlüsselte Botschaft des Todes in sich trägt. In der Tat, man könnte einen Todesfilm produzieren. Dabei ist sicherlich eine Fülle von komplizierten technischen Details zu berücksichtigen, und vielleicht würde uns nur ein ganzes Team von Tontechnikern, Kameraleuten und Biochemikern die Antwort darauf geben können.

Und nun zu der Frage, ob Scramble-Techniken dazu verwendet werden könnten, nützliche und angenehme Nachrichten zu verbreiten. Schon möglich. Auf der anderen Seite wirken verzerrte Ton- und Filmaufnahmen genauso wie ein Virus, indem sie einer Person etwas gegen ihren Willen aufzwingen. Die Konsequenz müßte sein, daß man versucht, dahinter zu kommen, wie sich unsere gewohnten Entschlüsselungsmechanismen verändern lassen und wie jeder sein eigenes spontanes scanning pattern[3] freisetzen und aktivieren kann.

3 scanning pattern: Muster, das beim Abtasten der wesentlichen Informationen eines Gesamtbildes entsteht

NEW SCIENTIST, 2. Juli 1970 ... „Nach dem heutigen Stand der Gedächtnisforschung liegt vor dem eigentlichen Erinnerungsspeicher eine Pufferzone von 7 Sekunden. Ein Schlag auf den Kopf löscht die Erinnerung an diese vorangegangene Zeitspanne aus, indem sie den Inhalt des Puffers löscht. Daedalus stellt fest, daß unser Gegenwartssinn auch gerade diese Zeitspanne umfaßt und schließt daraus, daß unser Input an Sinneswahrnehmungen auf einer endlosen Zeitschlaufe aufgezeichnet wird, die uns 7 Sekunden zur Analyse läßt, bevor die Information wieder gelöscht wird. In dieser Zeitspanne sortiert und interpretiert das Gehirn die Summe der Wahrnehmungen und wählt die wesentlichen für die Speicherung aus. Die eigenartige Empfindung des *déjà-vu* – daß sich das 'Jetzt' schon einmal ereignet hat – ist offensichtlich auf ein momentanes Versagen des Löschvorganges zurückzuführen, so daß wir Erinnerungsdaten begegnen, die bereits gespeichert waren und nun wiederkehren. Der Eindruck, daß die Zeit einmal rasend schnell, dann wieder langsam schleppend zu vergehen scheint, muß mit der Laufgeschwindigkeit der Endlosschleife zusammenhängen."

Der Löschvorgang läßt sich mit einem einfachen Experiment verdeutlichen. Wenn du auf der Straße Tonbandaufnahmen gemacht hast und sie dann zuhause abspielst, wirst du vielleicht Bemerkungen hören, an die du dich nicht erinnerst – Bemerkungen, die bisweilen laut und deutlich sind: Sie müssen also ganz in deiner Nähe gefallen sein. Es kann aber auch sein, daß du die Bemerkungen nicht heraushörst, selbst wenn du das Band immer wieder abspielst: Dein scanning pattern hat sie automatisch gelöscht. Was du auf der Straße wahrgenommen und in der Erinnerung gespeichert hast, ist ein Scan, eine Auswahl aus einer

Fülle von Daten. Die übrigen Daten sind danach vergessen, weil sie gleich wieder gelöscht wurden. Für jemanden, der eine Straße entlang gegangen ist, werden Hinweisschilder und Menschen, die ihm begegnet sind, aus der Erinnerung gelöscht und hören auf, für ihn zu existieren. Um nun diesen Auswahlvorgang bewußt und kontrollierbar zu machen, kannst du folgendes versuchen:

Geh mit der Kamera einen Häuserblock entlang und nimm auf, was du siehst; folge dabei mit der Kamera möglichst genau den Bewegungen deiner Augen. Der Sinn ist, daß die Kamera dasselbe aufnimmt, was deine Augen aus dem gesamten Gesichtsfeld wählen. Parallel dazu machst du Aufnahmen aus der Totalen, an verschiedenen Punkten, in starrer Position. Deine Straße ist natürlich die Straße, so wie du sie beim Gehen siehst. Sie unterscheidet sich von der, die du in der Totalen erfaßt, und enthält viel weniger Einzelheiten. Jetzt kannst du willkürliche scanning patterns herstellen: Nach einem Plan, den du dir zurechtlegst, deckst du z. B. erst einen, dann den anderen Teil der Straße ab. Damit durchbrichst du dein automatisches scanning pattern. Du kannst auch scanning patterns nach Farbe herstellen, d. h., du kannst nacheinander grüne, blaue, rote Bildkomponenten herausscannen, soweit das mit deiner Kamera möglich ist. Du benutzt also ein künstliches Auswahlprinzip, das einem festgelegten Plan folgt, um damit dein übliches automatisches Auswahlprinzip zu durchbrechen. Mehrere Leute könnten dies gleichzeitig tun und danach ihre individuellen „Augenaufnahmen" mit denen in der Totale verschneiden. Dieses Training könnte einen anleiten, mit einem größeren Blickwinkel zu sehen, aber auch Einzelheiten nach Belieben zu ignorieren und zu löschen.

Die Ergebnisse dieser Experimente könnte man an Kontrollgruppen von Versuchspersonen überprüfen und verifizieren. Die Ausrüstung muß auch nicht unbedingt kompliziert sein. Lediglich, um zu zeigen, wie optimale Ergebnisse zu erzielen wären, habe ich geschildert, wie das im Einzelnen aussehen könnte mit Feedback von Hirnwellen und physiologischen Reaktionen und Videoband-Aufnahmen von einer VP, während sie ein Band hört und sieht. Man kann mit zwei Tonbandgeräten anfangen. Zum Herstellen von einfachen verzerrten Aufnahmen genügt schon eine Schneidevorrichtung am Tonbandgerät. Du kannst damit anfangen, Wortaufnahmen zu verzerren. Mach irgendwelche Aufnahmen, verzerre sie und beobachte die Wirkung auf deine Freunde und dich selbst. Der nächste Schritt wäre Tonfilm, dann Videoband.

Ergebnisse solcher Einzelexperimente könnten natürlich zu Massenexperimenten führen: Bänder, die Massenhysterie auslösen, Massenkrawalle usw. Die Möglichkeiten für Forschungen und Experimente auf diesem Gebiet sind praktisch unbegrenzt; ich habe hier nur ein paar simple Anregungen gegeben.

„Ein Virus ist darauf angewiesen, als Zellparasit zu existieren. Alle Viren müssen sich als Parasiten in lebende Zellen einnisten, um Ableger bilden zu können. Der Infektionszyklus ist für alle Viren der gleiche: Eindringen in den Wirt, Bilden von Ablegern in dessen Zellen, Austritt aus dem Wirtsorganismus, Beginn eines neuen Zyklus in einem anderen Wirt." Ich zitiere hier aus MECHANISMS OF VIRUS INFECTION, herausgegeben von Dr.Wilson Smith. Im Reinzustand, also außerhalb des Wirts, hat sich der Virus als nicht sehr anpassungsfähig erwiesen. Einige Viren haben sich selbst zer-

stört, weil sie für ihren Wirtsorganismus hundertprozentig tödlich waren und ihren Zyklus in ihm nicht vollenden konnten. Jede Art von Virus ist eisern darauf programmiert, eine ganz bestimmte Art von Gewebe zu attackieren. Mißlingt der Angriff, findet der Virus kein neues Opfer.

Es kommt natürlich vor, daß ein Virus mutiert, und der Grippe-virus hat sich in dieser Hinsicht als äußerst flexibel erwiesen. Im allgemeinen bleibt es dabei, daß dieselbe Methode des Eindringens einfach wiederholt wird, und wenn diese Methode blockiert wird, durch Abwehrkräfte des attackierten Organismus oder durch chemische Mittel wie Interferon, dann mißlingt der Angriff. Im großen und ganzen ist unser Virus ein unintelligenter Organismus. Wir können ihm aber auf die Sprünge helfen und neue Möglichkeiten des Eindringens für ihn finden. Zum Beispiel kann das Opfer gleichzeitig von einem Angst- und Schmerzvirus und von einem verbündeten Virus befallen werden, der ihm suggeriert, es sei alles in Ordnung. Hier würde unser Virus sich eine alte Routine für das Eindringen zunutze machen, nämlich die vom Harten Bullen und vom Scheißfreundlichen Bullen.

Wir haben uns mit der Möglichkeit beschäftigt, daß ein Virus von sehr kleinen Ton- und Bildeinheiten aktiviert oder sogar erzeugt werden kann. So gesehen ließen sich Viren auf synthetischem Weg nach Maß herstellen. „Ja, aber wenn die benutzten Aufnahmen wirken sollen, müssen sie doch auch den eigentlichen Virus mit reinbringen ..." Und was ist dieser eigentliche Virus? Neue Viren tauchen von Zeit zu Zeit auf, aber woher kommen sie? Nun, überlegen wir einmal, wie wir einen neuen Virus auftauchen lassen können. Wir legen die Symptome fest, die das

Vorhandensein unseres geplanten Virus anzeigen sollen, und stellen davon ein verzerrtes Band her. Die anfälligsten Personen – also diejenigen, die einige der gewünschten Symptome aufweisen – werden dann in Form von verzerrten Aufnahmen in das Band eingefügt, solange, bis sich der Virus in den verzerrten Einheiten manifestiert. Der Virus manifestiert sich in dem Augenblick, da er in der Lage ist, sich in seinem Opfer zu reproduzieren und sich in ein neues Opfer einzuschleusen. Unter kontrollierten Bedingungen im Labor ließe sich ein solcher Virus vielleicht auch zähmen und für positive Zwecke einsetzen. Stellen wir uns z. B. einen Sex-Virus vor: Er erregt die Sexualzentren im Kleinhirn eines Menschen in solchem Maß, daß der Betreffende vor sexueller Erregung wahnsinnig wird und an nichts anderes mehr denken kann. Parks voller nackter irrsinniger Menschen, die scheißen, pissen, ejakulieren und schreien. So könnte ein bösartiger Virus wirken, der alle Selbstkontrolle ausschaltet, und das Ende wären Erschöpfung, Krämpfe und Tod.

Nun wollen wir aber dasselbe einmal mit Tonband versuchen. Wir organisieren ein Sex-Tape-Festival, 100.000 Menschen bringen ihre Tonbänder mit verschnittenen Sexaufnahmen, auch Videobänder, um sie alle gemeinsam zusammenzuschneiden. Die Bänder werden auf riesige Leinwände projiziert, der Sound von Tonbändern wälzt sich über die Menge, die Bänder enthalten manchmal ungeschnittene Stellen, so daß man für Sekunden etwas erkennen kann, dann wieder verzerrte, dann wieder ungeschnittene usw. Bald werden es alle eilig haben, aus ihren Kleidern zu kommen. Bullen und Nationalgarde lassen die Hosen runter. Los, SCHNAPPEN WIR UNS EIN PAAR ZIVILISTEN. Sicher, sowas kann ins Auge gehen, aber wer es überlebt, wird sich wieder davon erholen.

Oder sagen wir mal, eine kleine ausgewählte Gruppe von Leuten, die auf der gleichen Wellenlänge liegen, tun sich zusammen mit ihren Sex-Bändern, damit wird der Vorgang kontrollierbar. Und die Tatsache, daß jeder weiß, wie es gemacht wird, ist an sich schon geeignet, einen Mißbrauch auszuschalten.

Hier haben wir nun Mr. Hart, der alle mit seinem Image infizieren und sie alle in Kopien seiner selbst verwandeln will. Also schickt er sein verzerrtes Image raus auf der Suche nach geeigneten Trägern. Wenn außer ihm niemand über Scramble-Techniken Bescheid weiß, dann könnte er sich einen ganzen Stall von Kopien an Land ziehen. Aber jeder weiß Bescheid und kann es selbst tun. Also los, schick deine verzerrten Sexlaute raus und such dir passende Partner.

Wenn du willst, kannst du deine Scramble-Bänder auf die Reise schicken, jeden abgedroschenen Witz, jeden Furz, jedes Schmatzen, Niesen und Magenknurren. Aber wenn dein Trick nicht auf Anhieb wirkt, kannst du einpacken. Alle machen es, alle verschmelzen in einem einzigen Scramble, und allmählich nimmt die Erdbevölkerung eine hübsche einheitlich braune Farbe an. Scramble ist das demokratische Prinzip in Reinkultur, die volle zellulare Repräsentanz, Scramble ist der American Way.

Ich habe die Möglichkeit erwähnt, daß sich Viren im Labor nach Maß herstellen lassen aus sehr kleinen Einheiten aus Bild und Ton. Ein solches Präparat ist für sich genommen noch nicht biologisch aktiv, in anfälligen Personen könnte es aber einen Virus aktivieren oder sogar entstehen lassen. Ein sorgfältig präpariertes Gelbsucht-Band könnte in den Leberzellen den Gelbsuchtvirus

aktivieren oder enstehen lassen, besonders in den Fällen, wo die Leber bereits angegriffen ist. Der Operator dirigiert sozusagen eine Virusrevolution in den Zellen. Da eine letale Dosis von Orgonstrahlen den menschlichen Organismus an seiner schwächsten Stelle zu attackieren scheint, könnte sie parallel zu einer Virusattacke eingesetzt werden. Reactive-Mind-Sätze könnten ebenso dazu dienen, die Anfälligkeit des Opfers für eine Virus-Attacke zu erhöhen.

Man wird feststellen, daß verzerrte Sprachaufnahmen bereits sehr viele Eigenschaften aufweisen, wie sie für einen Virus charakteristisch sind. Wenn solche Aufnahmen wirken und den Entschlüsselungsprozeß auslösen, geschieht das zwanghaft und gegen den Willen des Betreffenden. Ein Virus muß dir immer seine Anwesenheit bewußt machen. Ob es sich nun um die lästigen Symptome einer Erkältung handelt oder um die qualvollen Krämpfe der Tollwut – der Virus läßt dich seine unerwünschte Anwesenheit spüren: HIER BIN ICH.

Das gleiche gilt für verzerrte Ton- und Filmaufnahmen. Die verzerrten Einheiten dechiffrieren sich zwanghaft, präsentieren dem Betreffenden bestimmte Worte und Bilder und dieser ständige Prozeß reizt bestimmte Zonen im Körper und im Nervensystem. Die derart gereizten Zellen können nach einer gewissen Zeit die biologischen Virus-Einheiten produzieren. Damit haben wir einen neuen Virus, der übertragen werden kann, und in der Tat dürfte dem Opfer verzweifelt daran gelegen sein, dieses Ding, das sich da in seinem Körper breitmacht, weiterzugeben. Der Betreffende ist zum Bersten aufgeladen.

Könnte diese Ladung auch gut oder angenehm sein? Wäre es möglich, einen Virus zu erzeugen, mit dem sich Gelassenheit und Vernunft übertragen läßt? Ein Virus muß im Wirt eine parasitäre Existenz führen, wenn er überleben will. Er benutzt das Zellmaterial des Wirts, um Kopien seiner selbst zu produzieren. In den meisten Fällen ist das für den Wirt schädlich. Mit List und Tücke verschafft sich der Virus Einlaß, und mit Gewalt behauptet er sich. Ein ungebetener Gast, bei dessen Anblick dir bereits schlecht wird, ist niemals gut oder angenehm. Darüberhinaus hat dieser Gast die Eigenschaft, sich ständig zu wiederholen – Wort für Wort und Bild für Bild.

Erinnern wir uns an den Lebenszyklus eines Virus ... Eindringen in eine Zelle oder Aktivierung innerhalb einer Zelle, Fortpflanzung in der Zelle, Austritt aus der Zelle, um andere Zellen zu infizieren, Austritt aus dem Wirt, um einen anderen zu infizieren. Das Infizieren kann auf vielerlei Weise geschehen, und diejenigen, die in sich die Ladung eines neuen Virus entdecken, bedienen sich im allgemeinen der Technik des Flächenbombardements, um die Ladung möglichst breit zu streuen und größtmögliche Verbreitung zu erzielen ... sie husten, niesen, spucken und furzen bei jeder Gelegenheit. Scheiße, Pisse, Rotz, Schorf, schweißnasse Klamotten und was dein Körper sonst noch alles ausscheidet, kannst du sammeln und zu einem Trockendestillat verarbeiten. Den pulverisierten Schmant kannst du ganz unauffällig mit einer Kakerlakenpumpe in der U-Bahn versprühen, beutelweise aus dem Fenster werfen oder mit dem Flugzeug anstelle von DDT über die Landschaft versprühen ... Du kannst ständig ein Sortiment von Überträgern mitführen: Läuse, Flöhe, Bettwanzen und kleine Drahtkäfige mit Moskitos und Stechmücken, die du

mit deinem Blut gemästet hast ... Mit anderen Worten: dem kann ich keine angenehmen oder guten Seiten abgewinnen.

Nur ein einziger Fall ist bekannt, in dem sich ein Virus günstig auswirkt, Nutznießer ist eine obskure Spezies von australischen Mäusen.

Andererseits: wenn ein Virus keine schädlichen Symptome hervorruft, können wir seine Anwesenheit nicht mit Sicherheit feststellen, dies ist bei latenten Virusinfektionen der Fall. Man hat die Vermutung geäußert, daß die gelben Rassen durch einen gelbsucht-ähnlichen Virus entstanden sind, der eine permanente, aber nicht schädliche Mutation verursacht hat, die genetisch weitervererbt worden ist. Mit dem Wort könnte es sich ähnlich verhalten. Das Wort selbst könnte ein Virus sein, der sich beim Wirt einen permanenten Status verschafft hat. Allerdings kennt man zur Zeit keinen Virus, der sich in dieser Weise verhält. Die Frage nach einem positiv wirkenden Virus bleibt also offen. Es scheint ratsam, sich auf eine Rundumverteidigung gegen alle Viren zu konzentrieren.

Ron Hubbard, der Begründer der Scientology, behauptet, daß bestimmte Worte und Wortfolgen gefährliche Krankheiten und Geistesstörungen hervorrufen können. Ich kann von mir behaupten, daß ich über einige Erfahrung im schriftstellerischen Metier verfüge, aber ich würde mir nicht zutrauen, einen Satz zu schreiben, der jemand physisch krank macht. Falls Mr. Hubbards Behauptung stimmt, müßte man das mal näher untersuchen, und wir können durch ein einfaches Experiment herausfinden, ob seine Behauptung stimmt oder nicht. Die Macht, die er bestimmten

Worten zuschreibt, beruht – wie er sagt – auf seiner Engramm-Theorie. Ein Engramm ist ein Wort, Geräusch oder Bild, das man bei einem Schmerz oder im Zustand der Bewußtlosigkeit aufgenommen hat. Das aufgenommene Material kann auch beruhigenden Charakter haben: „Ich glaube, er ist überm Berg." Beruhigendes Material ist ein „verbündetes" Engramm. Ein verbündetes Engramm ist aber, laut Mr. Hubbard, genauso schlecht wie ein feindliches Schmerz-Engramm. Wenn man dem Betreffenden später irgendeinen Teil des aufgenommenen Materials vorspielt, wird dadurch der Schmerz einer Operation neu aktiviert, der Betreffende kann Kopfschmerzen bekommen oder sich niedergeschlagen, ängstlich oder nervös fühlen. Nun, Mr. Hubbards Engramm-Theorie läßt sich sehr leicht experimentell überprüfen: Wir nehmen uns zehn freiwillige Versuchspersonen, verabreichen ihnen einen schmerzhaften Reiz und setzen sie bestimmten Worten, Geräuschen und Bildern aus. Man kann das in Form kleiner Szenen machen:

„Schnell, Schwester, bevor mir mein kleiner Nigger draufgeht!", raunzt der Chirurg aus den Südstaaten, und eine fleischige weiße Hand legt sich auf die zerbrechliche schwarze Schulter. „Ja, er wird's schaffen. Er wird durchkommen."

„Wenns mir nach ginge, dann würd' ich dieses Gesocks auf dem Operationstisch verrecken lassen."

„Es geht aber nicht nach Ihnen. Sie haben Ihre Pflicht als Arzt. Wir müssen alles tun, was in unserer Macht steht, um menschliches Leben zu retten."

Und so weiter.

Es ist wie mit der Geschichte vom Harten Bullen und vom Scheißfreundlichen Bullen. Ein verbündetes Engramm ist wirkungslos ohne das Schmerz-Engramm, genau wie der Arm des Scheißfreundlichen Bullen auf deiner Schulter und seine sanfte beschwichtigende Stimme in deinem Ohr in der Tat nur süße kleine Nichtigkeiten sind ohne den Knüppel des Harten Bullen. Bis zu welchem Grad können nun Worte, die unter Anästhesie aufgenommen wurden, durch Hypnose oder Scientology-Training wieder hervorgerufen werden? In welchem Maß hat die Konfrontation mit dem zurückgerufenen Material eine unangenehme Wirkung auf den Betreffenden? Läßt sich die Wirkung verstärken, wenn man verbündete Engramme und Schmerz-Engramme zu sehr kleinen Einheiten zusammenschneidet? Es wäre durchaus denkbar, daß ein verzerrtes Engramm-Band den Betreffenden eine frühere Operation wieder voll durchleben läßt.

An einer Stelle skizziert Mr. Hubbard seine Version von dem, was er Reactive Mind nennt – vergleichbar etwa Freuds „id", eine Art eingebauter Selbstzerstörungsmechanismus. RM besteht laut Mr. Hubbard aus einer Reihe ganz alltäglicher Sätze. Er behauptet, das Lesen oder Hören dieser Sätze könne körperlichen Schaden hervorrufen. Dies sei auch der Grund, weshalb er das Material nicht veröffentlichen wolle. Will er damit vielleicht sagen, daß es sich um magische Worte handelt, um Zaubersprüche? Wenn das so wäre, dann könnte das, wenn man es mit einem entsprechend verzerrten Tonfilm kombiniert, eine beachtliche Waffe darstellen. Und so würde der magische Zauber aussehen, der Menschen in Schweine verwandelt: „Ein Tier sein" ... ein Schwein grunzt,

scheißt, quiekt und frißt schmatzend aus seinem Trog. „Tiere sein" ... ein Chor von tausend Schweinen. Nun, verschneide das mit einem Video-Band eines Polizeikrawalls und spiel es ihnen vor, um festzustellen, ob du von diesem Reactive Mind eine Reaktion kriegst.

Hier sind ein paar weitere Wortkombinationen aus Mr. Hubbards Geheimschublade:

„Ein Körper sein" Nun, in der Tat, ein attraktiver Körper, auf den alle fliegen. Und eine ansprechende Körpersymphonie dazu – rhythmischer Herzschlag, zufriedenes Rumoren in den Eingeweiden. „Körper sein" ... Tonband- und Filmaufnahmen von widerwärtigen alten kranken Körpern, die furzen, pissen, scheißen, stöhnen, verrecken. „Alles tun" ... ein Mann in einem verdreckten Apartment, umgeben von unbezahlten Rechnungen, unbeantworteten Briefen, er springt auf und fängt an, das Geschirr zu spülen und Briefe zu schreiben. „Nichts tun" ... er läßt sich in einen Sessel fallen, springt auf, läßt sich wieder fallen, springt auf. Schließlich hängt er hilflos und idiotisch sabbernd in seinem Sessel und sieht sich das Durcheinander um sich herum an.

Die RM-Anweisungen können auch sinnvoll mit Bändern von Krankheiten kombiniert werden. Während man dem Betreffenden sein von Fieber und Schnupfen gezeichnetes Gesicht aus einer früheren Zeit aufs Gesicht projiziert, kann man dazu sagen: „ich sein" ... „du sein"; „hierbleiben" ... „dortbleiben"; „ein Körper sein" ... „Körper sein"; „drinbleiben" ... „draußenbleiben"; „anwesend sein ... „abwesend sein". In welchem Maß können diese RM-Sätze, wenn sie verzerrt werden, bei Versuchspersonen un-

angenehme Symptome hervorrufen? Mr. Hubbards Behauptungen bezüglich der Wirkung des RM können nur durch systematische Untersuchungen nachgeprüft werden.

Der Reactive Mind wäre damit ein Kontrollinstrument mit großer Breitenwirkung, das Lebensfunktionen einschränkt und verkümmern läßt. Um diese Wirkung zu erzielen, müßten ihm möglichst viele Menschen ausgesetzt sein. Dies ließe sich mit den elektronischen Geräten und den Techniken, die in dieser Abhandlung beschrieben sind, erreichen. RM besteht aus Befehlen, die harmlos und tatsächlich unvermeidlich zu sein scheinen (ein Körper sein) ..., die jedoch entsetzliche Folgen haben können.

Hier einige Beispiele für RM-Effekte im Film:

Wenn das Licht ausgeht, erscheint in der linken Hälfte der Leinwand ein heller Lichtpunkt. Die Projektionsfläche leuchtet auf ...

Niemand sein ... Auf der Leinwand die schattenhaften Umrisse einer Leiter und eines Soldaten, die von der Hiroshima-Explosion ausgelöscht wurden ...

Jeder sein ... Menschen auf den Straßen, Tumulte, Panik

Ich sein ... ein schönes Mädchen und ein gutaussehender junger Mann zeigen auf sich ...

Du sein ... sie zeigen auf das Publikum

Widerwärtige alte Hexen und Greise, Aussätzige, sabbernde Irre zeigen auf sich und das Publikum und sagen mit Nachdruck:

Ich sein

Du sein

Befehl Nr. 5 ... Ich selbst sein

Befehl Nr. 6 ... Jemand anderes sein

Im Film spricht ein Beamter des Rauschgiftdezernats vor einer Schulklasse. Auf einem Tisch vor ihm sind Spritzen, Kif-Pfeifen, Heroin-, Haschisch- und LSD-Proben ausgebreitet ...

Beamter: „Fünf Trips mit einer Droge können eine angenehme und aufregende Erfahrung sein ...“

Der Film zeigt Jugendliche auf einem Trip ... „Ich bin zum ersten Mal ich selbst“ usw. Glückliche Trips ... Ich selbst sein ... Nr. 5 ...

Beamter: „Der sechste wird euch wahrscheinlich das Hirn ruinieren“ ...

Eine kurze Einstellung zeigt einen Mann, der sich einen Gewehrlauf in den Mund steckt und sich das Hirn aus dem Schädel bläst ...

Beamter: „Es könnte durchaus sein, daß es euch genauso geht, wie kürzlich einem 15-jährigen Jungen, den ich kannte – daß ihr nämlich in eurer eigenen Kotze verreckt ...“

Jemand anderes sein ... Nr. 6 ...

Ein Tier sein ... Ein einzelner Wolf Scout ...

Tiere sein ... Er schließt sich anderen Wolf Scouts an, die spielen, lachen und schreien ...

Ein Tier sein ... Verhaltensweisen von vertierten Menschen ... Schlägereien, widerwärtige Eßgewohnheiten und Sexszenen

Tiere sein ... Kühe, Schafe und Schweine werden zum Schlachthof getrieben ...

Ein Körper sein

Körper sein

Ein schöner Körper ... ein Paar beim Geschlechtsverkehr ... Schnitte vor und zurück, eine 7-Sekunden-Endlosschlaufe läuft mehrere Minuten lang durch ... eine verzerrte Version davon, in wechselnden Geschwindigkeiten ... Dem Publikum muß klarwerden, daß „ein Körper sein" gleichzeitig „mehrere Körper sein" bedeutet ... Ein Körper existiert nur, um ebenso andere Körper zu sein ...

Ein Körper sein ... Tonband- und Filmaufnahmen von Sterbeszenen ... ein Verschnitt von letzten Worten ...

Körper sein ... Ausblick auf Friedhöfe ...

Es jetzt tun ... Ein Paar, das sich immer leidenschaftlicher umarmt ...

Es jetzt tun ... Eine Todeszelle ... Der Verurteilte ist der gleiche Schauspieler wie der aus der Liebesszene ... Er wird schreiend und sich sträubend von den Wärtern abgeführt. Schnitte vor und zurück zwischen Sexszene und dem Mann auf dem Weg zur Hinrichtung. Das Paar in der Sexszene kommt in dem Augenblick zum Orgasmus, als der Verurteilte gehängt, durch elektrischen Stuhl getötet, vergast, erdrosselt, mit der Pistole erschossen wird ...

Es später tun ... die beiden Sexpartner lösen sich aus der Umarmung ... Man will essen gehen oder zu einer Veranstaltung oder sonstwas ... Sie setzen ihre Hüte auf ...

Es später tun ... Gefängniswärter betritt die Todeszelle und teilt dem Verurteilten mit, daß die Hinrichtung verschoben worden ist ...

Es jetzt tun ... Grimmige Gesichter im Pentagon. Die strategische Luftflotte ist im Anflug auf ihr Ziel ... Nun, JETZT ISSES SOWEIT ... Diese Sequenz verschnitten mit Sexszenen und Aufnahmen von einem Todeskandidaten auf dem Weg zur Hinrichtung, Liebespaar im Augenblick des Orgasmus, Atomexplosion ... Der Liebhaber/Todeskandidat ist ein Überlebender der Explosion und von schauderhaften Verbrennungen entstellt ...

Es später tun ... Aufnahmen von einem Streik aus dem Jahr 1920 zur Melodie von „The Sunny Side of the Street" ... Ein General legt enttäuscht den Telefonhörer aus der Hand und informiert die Anwesenden, daß der Präsident über den heißen Draht Verhandlungen mit Rußland und China eröffnet hat ... Der Todeskandidat erhält einen erneuten Aufschub ...

Ein Tier sein ... Ein Lemming frißt eifrig Flechte

Tiere sein ... Lemminghorden rennen in wachsender Hysterie durcheinander. Klumpen ersoffener Lemminge vor einem hübschen kleinen Ferienhaus an einem finnischen See, wo jemand mit seiner Freundin systematisch sämtliche Sex-Stellungen durchprobiert. Sie erwachen im Gestank toter Lemminge ...

Ein Tier sein ... Ein kleiner Junge wird auf einen Topf gesetzt ...

Tiere sein ... der hilflos scheißende Säugling wird bei lebendigem Leibe von Ratten gefressen

Oben bleiben ... Ein Mann ist gerade gehängt worden. Der Arzt tritt mit seinem Stethoskop vor

Unten bleiben ... Der Leichnam wird hinausgetragen; die Schlinge hat er noch um den Hals ... der nackte Leichnam liegt auf dem Tisch bereit zur Autopsie ... der Leichnam wird mit ungelöschtem Kalk zugeschüttet ...

Oben bleiben ... erigierter Phallus

Unten bleiben ... Ein Weißer, der einem Neger mit einem Schweißbrenner die Genitalien abbrennt ... das Licht im Kino geht aus, der Schweißbrenner bleibt in der linken Hälfte der Leinwand sichtbar ...

Hierbleiben

Wegbleiben

Hierbleiben ... Ein Junge onaniert vor Sexphotos ... Schnitt auf das Gesicht des Weißen, der dem Neger die Genitalien abbrennt ...

Wegbleiben ... Sexphantasien des Jungen ... Der Schwarze sackt zusammen, seine Genitalien sind verkohlt, seine Eingeweide quellen heraus ...

Hierbleiben ... Der Junge sieht sich gespannt und fasziniert einen Striptease an ... Ein Todeskandidat steht auf der Falltür, die Schlinge um den Hals ...

Wegbleiben ... Sexphantasien des Jungen ... „Ich stelle hiermit den Tod dieses Mannes fest"...

Hierbleiben ... Der Junge pfeift auf der Straße einem Mädchen nach ... Der Körper eines Verurteilten schleudert auf dem elektrischen Stuhl, blaue Flammen züngeln an seinen Beinen hoch ...

Wegbleiben ... Der Junge stellt sich vor, daß er mit dem Mädchen im Bett liegt ... Der Verurteilte auf dem elektrischen Stuhl sackt leblos zusammen, Rauchkringel steigen aus der schwarzen Kapuze, Speichel läuft ihm aus dem Mund ...

Das Licht im Kino geht an. Ein Flugzeug am Himmel über Hiroshima ... Die Atombombe mit dem schönen Namen „Little Boy" wird ausgeklinkt ...

Hierbleiben ... Das Flugzeug, der Pilot, die amerikanische Flagge ...

Wegbleiben ... Das Licht im Kino geht aus und wird in die Atomexplosion auf der Leinwand gesogen ...

Jetzt sehen wir normale Bürger, Männer und Frauen, die ihrer gewohnten Arbeit und ihrem gewohnten Zeitvertreib nachgehen ... U-Bahnen, Straßen, Busse, Flughäfen, Bahnhöfe, Wartesäle, Reihenhäuser, Apartments, Restaurants, Büros, Fabriken ... wir sehen sie bei der Arbeit, beim Essen, Spielen, Scheißen, Ficken ...

Ein Stimmengewirr mit RM-Befehlen setzt ein:

Oben bleiben

Unten bleiben

Fahrstühle, Flughäfen, Treppen, Leitern

Drinbleiben

Draußenbleiben

Straßenschilder, Türschilder, Leute, die vor Restaurants und Theatern Schlange stehen ...

Ich selbst sein

Jemand anderes sein

Grenzbeamte prüfen Ausweise, ein Mann weist sich an einem Bankschalter aus, um einen Scheck einzulösen ...

Hierbleiben

Wegbleiben

Leute im Kino ... Äthermaske, Bewußtlosigkeit ...

Jetzt mehrere Minuten lang eine 7-Sekunden-Endlosschleife mit einem Zusammenschnitt dieser Ton- und Bildspuren ...

Nun werden die Horror-Aufnahmen dazugeschnitten

Oben bleiben

Unten bleiben

Fahrstühle, Flughäfen, Treppen, Leitern, Hinrichtungen durch den Strang, Kastrationen ...

Drinbleiben

Draußenbleiben

Türschilder, Aufnahmen von Operationen ... Arzt wirft blutige Mandeln, Polypen, Blinddärme in einen Behälter ...

Hierbleiben

Wegbleiben

Leute im Kino ... Äthermaske, Bewußtlosigkeit ... Dreiecke,

Kugeln, Rechtecke, Pyramiden, Prismen und Spiralen tauchen auf und verschwinden in regelmäßigen Abständen ... eine Spirale taucht auf, zwei Spiralen tauchen auf, drei Spiralen tauchen auf ... eine Spirale verschwindet, zwei Spiralen verschwinden, vier Spiralen verschwinden ...

Genau in der Mitte verschwindet eine Spirale, zwei Spiralen verschwinden links und rechts, drei Spiralen verschwinden links, rechts, in der Mitte und im Hintergrund ...

Eine Spirale taucht auf, zwei Spiralen tauchen auf, drei Spiralen tauchen auf, vier Spiralen tauchen auf ... Lichtspiralen ... drehen sich immer schneller, Säugling wird von Ratten aufgefressen, Hinrichtungen durch Strang, durch elektrischen Stuhl, Kastration ...

RM-Befehle können mit den alltäglichen Szenen verschnitten werden, bis der Planet unter einem massiven Smog von Angst liegt ...

Der Reactive Mind ist eine eingebaute elektronische Polizeimacht, deren Waffen scheußliche Drohungen sind. Du möchtest kein netter kleiner Wolfsjunge sein? Na schön, dann zeigen wir dir das Vieh auf der Schlachtbank, das Fleisch am Haken.

Versuchen wir einmal, aus reiner Sentimentalität, die altmodischen Methoden der Mayas zu rekonstruieren: die Arbeiter, die aus der Reihe tanzen und unerlaubten Gedanken nachhängen, werden unter der Pyramide zu Tode gefoltert ... einem jungen Arbeiter sind starke Halluzinogene und sexuelle Stimuli verabreicht worden ... nackt wird er festgeschnallt und bei lebendigem Leib gehäutet ... aus dem unvordenklichen Schmant der Zeit tauchen die dunklen Gottheiten des Leidens auf ... da steht der Vogel Ouab, kreischt und sieht durch seine blauen Augen ... andere, die von der Hüfte aufwärts Krebse sind, schnappen in wilder Ekstase mit ihren Scheren, tanzen um den enthäuteten Mann herum und äffen seine Zuckungen nach ... die Schreiber fertigen Zeichnungen an und halten alle Einzelheiten fest ... nun wird er in einer kupfernen Tausendfüßler-Form eingeschlossen und vorsichtig auf glühende Kohlen gebettet ... bald werden die Priester mit ihren goldenen Scheren das weiche Fleisch vom Gerippe lösen ... hier ist ein anderer Junge, man hat ihm Honig auf die Augen und die Geschlechtsteile geschmiert und ihn auf einem Ameisenhügel an einen Pfahl gebunden ... andere tragen schwere Gewichte auf

dem Rücken und werden langsam durch hölzerne Tröge geschleift, die mit messerscharfen Obsidiansplittern gespickt sind ... Die Priester sind also Herren über Angst, Schmerzen und Tod ... wer sich richtig verhalten will, gehorcht den Priestern, und sollte einer auf dumme Gedanken kommen: Die bloße Gegenwart der Priester und ein paar banale Worte aus ihrem Mund genügen, um ihm seine Flausen auszutreiben ...

Die Priester postulierten und errichteten ein hermetisches Universum, in dem sie die unumstößlichen Herrscher waren. Sie wurden damit zu Göttern, die das für die Arbeiter einzig bekannte Universum kontrollierten. Sie wurden für die Arbeiter gleichbedeutend mit Angst und Schmerz, Zeit und Tod. Indem sie jede Opposition scheinbar unmöglich machten, kam es ihnen nicht in den Sinn, Vorsorge gegen eine Opposition zu treffen. Es gibt Anzeichen dafür, daß dieses Kontrollsystem schon vor der Ankunft der „Weißen Götter" in manchen Gegenden zusammenbrach. Man hat umgestürzte und zerstörte Standbilder gefunden: stumme Zeugen einer Arbeiterrevolution. Wie konnte es dazu gekommen sein? Die Geschichte der revolutionären Bewegungen zeigt, daß diese gewöhnlich von Abtrünnigen der herrschenden Klassen angeführt wurden. Die Herrschaft der Spanier in Südamerika wurde von spanischen Revolutionären gestürzt. In Frankreich erzogene Algerier vertrieben die Franzosen aus Algerien. Vielleicht wurde einer der Priestergötter abtrünnig und organisierte eine Arbeiterrevolution ...

Die Priestergötter im Tempel. Sie bewegen sich mühsam, die Gesichter von Alter und Krankheit verwüstet. Parasitäre Würmer fressen sich durch ihr totes faseriges Fleisch. Sie stellen anhand der heiligen Bücher Berechnungen an.

„Heute vor 400.000 Jahren ist etwas Schlimmes passiert ...“

Kalksteinschädel prasseln in die Säulenhallen. Der junge Mais-
gott führt die Arbeiter beim Sturm auf die Tempel, sie schleppen
die Priester heraus. Sie machen ein großes Feuer, werfen die
Priester hinein und die heiligen Bücher hinterher. Die Zeit biegt
und krümmt sich. Die alten Götter tauchen aus den unvordenklichen Tiefen der Zeit auf und zerbersten am Himmel ... Mr. Hart
steht da und sieht sich die zerstörten Standbilder an ... „Wie konnte das geschehen?“

Sein Kontrollsystem muß weltweit und total sein. Denn solch ein
Kontrollsystem ist durch einen Angriff von außen noch viel ver-
wundbarer als durch eine Revolte von innen ... Hier ist Bischof
Landa: Er verbrennt die heiligen Bücher. Um sich einen Begriff davon zu machen, was sich hier ereignet, stelle man sich einmal vor,
unsere Zivilisation würde von Banditen aus dem All überfallen ...

„Bringt'n paar Bulldozer hier rein und räumt den Saustall aus ...“
Bücher, Gemälde, sämtliche naturwissenschaftlichen Formeln
und Erkenntnisse, alles wird auf einen Haufen geworfen und ein-
geäschert. Und damit hat sich's. Niemand hat je etwas von dieser
Welt gehört ...

Drei Codices überstanden den Vandalismus des Bischof Landa,
und die sind rundherum verkohlt. Keine Möglichkeit mehr, festzustellen, ob wir es hier mit Shakespeares Sonetten, der Mona
Lisa oder den Überresten eines Sears-Roebuck-Kataloges zu tun
haben, nachdem das alte Scheißhaus einem Steppenbrand zum
Opfer gefallen ist. Eine ganze Zivilisation ging in Rauch auf ...

Als die Spanier ankamen, lümmelten sich die Maya-Aristokraten in ihren Hängematten. Nun, es ist an der Zeit, daß wir denen mal zeigen, woher der Wind weht. Fünf gefangene Arbeiter werden ausgezogen und gefesselt, auf einem Baumstumpf kastriert, die blutenden, heulenden und schreienden Körper auf einen Haufen geworfen ...

„Und jetzt seht zu, daß ihr das in eure Kaffernschädel reinkriegt: Wir wollen einen Haufen Gold sehen – so hoch – und zwar pronto! Der Weiße Gott hat gesprochen!"

Betrachten wir nun die menschliche Stimme als Waffe. Bis zu welchem Grad kann man mit der bloßen Stimme Effekte kopieren, wie sie mit einem Tonbandgerät erzeugt werden können? Lernen, mit geschlossenem Mund zu sprechen, so daß die Worte praktisch isoliert im Raum stehen, ist ziemlich einfach. Man kann auch lernen, rückwärts zu sprechen; das ist schon bedeutend schwieriger. Ich habe Leute erlebt, die das, was einer sagte, nachsprechen konnten und jeden Satz gleichzeitig mit dem Betreffenden zu Ende brachten. Das kann einen sehr aus der Fassung bringen, vor allem, wenn es von Leuten aus dem Publikum gemacht wird, während ein Politiker seine Rede zu halten versucht. Könnte man ohne technische Hilfsmittel soweit kommen, daß man in zerhackter Sprache zu sprechen vermag?

Mit einer neuen Sprache könnte man eine biologische Waffe von weitreichender Wirkung schaffen. Tatsächlich existiert eine solche Sprache bereits: die chinesische Sprache – eine totale Sprache, die Erfahrungen auf mehreren Ebenen ausdrücken kann, und deren Schriftzeichen aus Hieroglyphen weiterentwickelt sind – die

damit also in einem engen Kontakt mit den beschriebenen Gegenständen und Erfahrungen bleibt. Die Ausgeglichenheit der Chinesen ist sicherlich darauf zurückzuführen, daß ihre Sprache für ein größeres geistiges Gleichgewicht strukturiert ist. Ich stelle immer wieder fest, daß Chinesen – wo auch immer sie sich aufhalten – ihre Sprache und Schrift beibehalten, während andere Auswanderer nach zwei Generationen ihre Sprache aufgegeben haben.

Ziel dieses Projekts wäre, eine Sprache zu schaffen, in der sich bestimmte Unrichtigkeiten, wie sie in der Struktur sämtlicher westlicher Sprachen angelegt sind, nicht mehr formulieren lassen. Folgende Unrichtigkeiten sollten in der neu zu schaffenden Sprache nicht mehr enthalten sein:

DAS IDENTISCH-SEIN. Du bist ein Tier. Du bist ein Körper. Was immer du sein magst, du bist kein „Tier", du bist kein „Körper", da dies nur verbale Bezeichnungen sind. Das Identisch-Sein impliziert immer die ausschließliche Identität von etwas, sein Zweck ist ständige Konditionierung: so sein und bleiben. Jeder Akt des Bezeichnens setzt ein Identisch-Sein als gegeben voraus. Dies ist überflüssig in einer hieroglyphischen Sprache wie dem Altägyptischen – und ist dort auch in der Tat weitgehend ausgespart. Es ist überflüssig zu sagen: Die Sonne IST am Himmel – das Zeichen der Sonne am Himmel genügt. Das Hilfszeitwort „sein" kann aus jeder Sprache ausgeklammert werden, und die Anhänger Korzybskis haben eben das im Englischen getan. Allerdings ist es sehr schwierig, die englische Sprache zu sanieren, indem man für sich selbst Konzepte eliminiert, die jedoch solange ihre Wirkung behalten, wie sie von den anderen unverändert beibehalten werden.

Der bestimmte Artikel DERDIEDAS. DERDIEDAS impliziert die Einmaligkeit von etwas: DER Gott, DAS Universum, DERDIEDAS Weg, DAS Richtige, DAS Falsche. Wenn es darüberhinaus ein anderes gibt, dann ist JENES Universum, JENER Weg nicht mehr DAS Universum, DER Weg. Der bestimmte Artikel DERDIEDAS wird gestrichen und durch den unbestimmten Artikel EIN ersetzt.

Das dualistische Konzept des ENTWEDER/ODER. Recht oder Unrecht, körperlich oder geistig, wahr oder falsch ... das ganze Konzept des ENTWEDER/ODER wird aus der Sprache gestrichen und ersetzt durch die Verknüpfung mit UND. Dies geschieht bis zu einem gewissen Grade in jeder hieroglyphischen Sprache: Dort stehen die beiden Konzepte gleichrangig nebeneinander. Die Unrichtigkeiten, die in der Struktur der englischen und anderer westlichen Sprachen angelegt sind, verhelfen den Reactive-Mind Kommandos zu ihrer überwältigenden Macht in diesen Sprachen.

Betrachten wir noch einmal das IST der Identität: Wenn ich sage „Ich sein", „Du sein"; „Ich selbst sein", „Jemand anderes sein", ist es gleichgültig, wie man mich benennen oder was ich von mir aussagen mag: Ich bin nicht dieses verbale Etikett „ICH" und kann es nicht sein. Das Wort „sein" enthält – genau wie ein Virus – die verschlüsselte Botschaft einer künftigen Schädlichkeit, den kategorischen Imperativ der ständigen Konditioniertheit. Ein Körper sein und nichts anderes – ein Körper bleiben. Ein Tier und nichts anderes – ein Tier bleiben. Wenn man die Beziehung von „Ich" zu „Körper" wie die eines Piloten zu seiner Maschine sieht, dann erkennt man die Macht des RM-Kommandos „Ein Körper sein" in seiner ganzen verheerenden Wirkung. Wenn man dem Piloten einhämmert, er sei die Maschine – wer steuert dann die Maschine?

Das IST der Identität, das einen auf einen starren permanenten Zustand festlegt, wurde durch die nach dem ersten Weltkrieg eingeführten rigorosen Zoll- und Paßkontrollen noch weiter zementiert. Was immer du sein magst, du bist genausowenig das verbale Etikett in deinem Paß wie du auch nicht das Wort „selbst" bist. Aber man zwingt dich, jederzeit durch Vorlage deines Passes nachweisen zu können, daß du etwas bist, was du nicht bist.

Der RM bezieht seine Wirkung ebenso aus der Verfälschung, die in dem kategorischen bestimmten Artikel DERDIEDAS liegt. DIE Gegenwart, DIE Vergangenheit, DIE Zeit, DER Raum, DIE Energie, DIE Materie, DAS Universum. Der bestimmte Artikel DERDIEDAS impliziert, daß es etwas nur einmal gibt. DAS Universum sperrt dich in DAS Eine und Einzige ein und verhindert, daß es für dich noch ein anderes geben kann. Wenn andere möglich sind, dann ist es nicht mehr DAS Universum, sondern EINES unter vielen. Der bestimmte Artikel DERDIEDAS wird in der neu zu schaffenden Sprache gestrichen und durch den unbestimmten Artikel EIN ersetzt.

Viele RM-Kommandos sind tatsächlich einander widersprechende Befehle und beziehen als solche ihre Macht aus dem aristotelischen Konzept des ENTWEDER/ODER. Alles tun/nichts tun, alles haben/nichts haben, sich um jede Einzelheit kümmern/sich um gar nichts kümmern, oben bleiben/unten bleiben, drinbleiben/draußenbleiben, hierbleiben/wegbleiben. Das sind in Wirklichkeit ENTWEDER/ODER Entscheidungen. Alles oder nichts tun, alles oder nichts haben, hierbleiben oder wegbleiben. ENTWEDER/ODER Entscheidungen lassen sich bei weitem nicht so rigoros in einer Schriftsprache formulieren, in der die beiden alternativen Verhaltensweisen in Form von Bildzeichen dargestellt sind, und aus

der gesprochenen Sprache können sie ganz ausgeklammert werden. Der ganze RM läßt sich in der Tat auf drei kurze Worte reduzieren: „Nur DAS sein", d. h. sein, was du nicht bist – eine verbale Formel.

Ich habe davon gesprochen, daß Worte und Bilder Viren sein können. Das sollte keine Allegorie sein. Es läßt sich vielmehr sehen, daß die erwähnten Verfälschungen in den westlichen Sprachen genau den Virusmechanismus darstellen, von dem die Rede war. Das IST der Identität ist ein Virusmechanismus. Wenn wir aus seinem Verhalten seine Absicht ablesen können, dann ist es die Absicht des Virus, zu ÜBERLEBEN. Um jeden Preis zu überleben, auf Kosten des befallenen Wirts. Ein Tier sein, ein Körper sein. Ein Tierkörper sein, in den der Virus eindringen kann. Tiere sein. Körper sein. Soviele Tierkörper sein, daß der Virus immer wieder einen neuen findet, in den er eindringen kann. Ständig nur als anfälliger Tierkörper da sein und nicht als Antikörper oder Widerstand gegen die Körperinvasion.

Das kategorische DERDIEDAS ist ebenfalls ein Virusmechanismus, der dich in DAS Virus-Universum einsperrt. ENTWEDER/ODER ist eine weitere Virusformel. Es gibt immer nur eine Alternative: du ODER der Virus. ENTWEDER/ODER. Diese Konfliktformel muß in der Tat als der archetypische Virusmechanismus angesehen werden.

Die neu zu schaffende Sprache wird diese Virusmechanismen beseitigen und es unmöglich machen, sie zu formulieren. Es wird eine Lautsprache sein wie das Chinesische, die Schriftzeichen werden möglichst weitgehend aus Bildern bestehen, ohne daß

jedoch das Schreiben unnötig schwierig und umständlich ist. Es wird eine Sprache sein, die einem die Möglichkeit gibt, zu schweigen. Der Benutzer dieser Sprache kann, wenn er nicht redet, die stummen Bilder der geschriebenen, bildhaften und symbolischen Sprache auf sich wirken lassen.

Ich habe hier eine Reihe von Waffen und Techniken beschrieben, mit denen Krieg gespielt wird. Waffen, die das Bewußtsein verändern, könnten das Kriegsspiel in Frage stellen. Alle Spiele gehen davon aus, daß es einen Feind gibt. Im Grunde gibt es nur ein einziges Spiel, und das ist der Krieg. Das alte Armeespiel, von hier bis in alle Ewigkeit. Mr. Hubbard sagt, Scientology sei ein Spiel, bei dem jeder gewinnt. Es gibt kein Spiel, bei dem jeder gewinnt. In allen Spielen geht es einzig und allein darum, wer gewinnt und wer verliert ... Der Versailler Vertrag ... Hitler führt den Besatzer-Veitstanz auf ... Kriegsverbrecher in Nürnberg gehängt ... Eine Grundregel dieses Spiels ist, daß es keinen endgültigen Sieger geben kann, weil dies das Ende des ganzen Spiels bedeuten würde. Und doch muß jeder Mitspieler an den endgültigen Sieg glauben und mit aller Kraft dafür kämpfen. Den Alptraum der endgültigen Niederlage ständig vor Augen, hat er keine andere Wahl. So werden also alle verfügbaren technischen Mittel eingesetzt, um mit einer immer höheren Effizienz immer totalere Waffen zu produzieren, bis wir schließlich die Atombombe haben, die das Spiel durch Vernichtung aller Mitspieler beenden kann. Nun stellen wir uns einmal vor, es geschieht ein Wunder, und die bescheuerten Spieler

fassen den Entschluß, ihr Spiel zu retten. Sie setzen sich an einem großen Tisch zusammen und entwerfen einen Plan zur sofortigen Entschärfung und anschließenden Vernichtung aller Atomwaffen. Warum nicht weitergehen? Konventionelle Bomben sind doch auch ein unnötiger Overkill, wenn sonst keiner welche hat, nicht? Also drehen wir die Uhr des Krieges zurück auf 1917:

„Und wird das Herz euch noch so schwer,
es müssen mehr Kanonen her
Lang, lang ist der Weg zurück ...
Zurück zum amerikanischen Bürgerkrieg ...“

„Niederzucken ließ er den Todesblitz seines schrecklich schnellen Schwertes“. Sein Todesblitz war damals noch nicht so teuer in der Herstellung. Warum sparen wir in unserem Verteidigungshaushalt nicht eine Menge ein und verlegen uns wieder auf Flinten mit Feuerstein- und Luntenschlössern, auf Schwerter, Rüstungen, Lanzen, Pfeil und Bogen, Speere, Steinäxte und Keulen? Warum nicht noch weiter zurückgehen? Warum lassen wir uns nicht wieder Fangzähne und Klauen wachsen, Giftzähne und Stachel, Hackschnäbel und Saugnäpfe und Stinkdrüsen und tragen es im Sumpf um die Ecke aus?

In der Revolution, um die es geht, muß dem Spiel ein Ende gemacht werden. Neue Spiele? Es gibt von hier bis in alle Ewigkeit keine neuen Spiele.

SCHLUSS MIT DEM KRIEGSSPIEL.

William S. Burroughs